東京大学工学教程

材料力学

材料力学 I

東京大学工学教程編纂委員会 編

吉村　忍
笠原直人　著
高田毅士

Mechanics and Strength of Materials I

SCHOOL OF ENGINEERING
THE UNIVERSITY OF TOKYO

丸善出版

東京大学工学教程

編纂にあたって

東京大学工学部，および東京大学大学院工学系研究科において教育する工学はいかにあるべきか．1886 年に開学した本学工学部・工学系研究科が 125 年を経て，改めて自問し自答すべき問いである．西洋文明の導入に端を発し，諸外国の先端技術追奪の一世紀を経て，世界の工学研究教育機関の頂点の一つに立った今，伝統を踏まえて，あらためて確固たる基礎を築くことこそ，創造を支える教育の使命であろう．国内のみならず世界から集う最優秀な学生に対して教授すべき工学，すなわち，学生が本学で学ぶべき工学を開示することは，本学工学部・工学系研究科の責務であるとともに，社会と時代の要請でもある．追奪から頂点への歴史的な転機を迎え，本学工学部・工学系研究科が執る教育を聖域として閉ざすことなく，工学の知の殿堂として世界に問う教程がこの「東京大学工学教程」である．したがって照準は本学工学部・工学系研究科の学生に定めている．本工学教程は，本学の学生が学ぶべき知を示すとともに，本学の教員が学生に教授すべき知を示す教程である．

2012 年 2 月

2010-2011 年度
東京大学工学部長・大学院工学系研究科長　北　森　武　彦

東京大学工学教程

刊 行 の 趣 旨

現代の工学は，基礎基盤工学の学問領域と，特定のシステムや対象を取り扱う総合工学という学問領域から構成される．学際領域や複合領域は，学問の領域が伝統的な一つの基礎基盤ディシプリンに収まらずに複数の学問領域が融合したり，複合してできる新たな学問領域であり，一度確立した学際領域や複合領域は自立して総合工学として発展していく場合もある．さらに，学際化や複合化はいまや基礎基盤工学の中でも先端研究においてますます進んでいる．

このような状況は，工学におけるさまざまな課題も生み出している．総合工学における研究対象は次第に大きくなり，経済，医学や社会とも連携して巨大複雑系社会システムまで発展し，その結果，内包する学問領域が大きくなり研究分野として自己完結する傾向から，基礎基盤工学との連携が疎かになる傾向がある．基礎基盤工学においては，限られた時間の中で，伝統的なディシプリンに立脚した確固たる工学教育と，急速に学際化と複合化を続ける先端工学研究をいかにしてつないでいくかという課題は，世界のトップ工学校に共通した教育課題といえる．また，研究最前線における現代的な研究方法論を学ばせる教育も，確固とした工学知の前提がなければ成立しない．工学の高等教育における二面性ともいえ，いずれを欠いても工学の高等教育は成立しない．

一方，大学の国際化は当たり前のように進んでいる．東京大学においても工学の分野では大学院学生の四分の一は留学生であり，今後は学部学生の留学生比率もますます高まるであろうし，若年層人口が減少する中，わが国が確保すべき高度科学技術人材を海外に求めることもいよいよ本格化するであろう．工学の教育現場における国際化が急速に進むことは明らかである．そのような中，本学が教授すべき工学知を確固たる教程として示すことは国内に限らず，広く世界にも向けられるべきである．

現代の工学を取り巻く状況を踏まえ，東京大学工学部・工学系研究科は，工学の基礎基盤を整え，科学技術先進国のトップの工学部・工学系研究科として学生が学び，かつ教員が教授するための指標を確固たるものとすることを目的として，時代に左右されない工学基礎知識を体系的に本工学教程としてとりまとめた．本工学教程は，東京大学工学部・工学系研究科のディシプリンの提示と教授指針の明示化であり，基礎(2年生後半から3年生を対象)，専門基礎(4年生から大学院修士課程を対象)，専門(大学院修士課程を対象)から構成される．したがって，工学教程は，博士課程教育の基盤形成に必要な工学知の徹底教育の指針でもある．工学教程の効用として次のことを期待している．

- 工学教程の全巻構成を示すことによって，各自の分野で身につけておくべき学問が何であり，次にどのような内容を学ぶことになるのか，基礎科目と自身の分野との間で学んでおくべき内容は何かなど，学ぶべき全体像を見通せるようになる．
- 東京大学工学部・工学系研究科のスタンダードとして何を教えるか，学生は何を知っておくべきかを示し，教育の根幹を作り上げる．
- 専門が進んでいくと改めて，新しい基礎科目の勉強が必要になることがある．そのときに立ち戻ることができる教科書になる．
- 基礎科目においても，工学部的な視点による解説を盛り込むことにより，常に工学への展開を意識した基礎科目の学習が可能となる．

東京大学工学教程編纂委員会　委員長　加藤泰浩
幹事　吉村忍
求幸年

目　　次

はじめに

意図したものか偶発的なものかにかかわらず，固体に力が加えられたときに生じる固体の変形や破損挙動を定量的に把握することが，固体を適切に利用していくためにとても重要である．このための学問分野は固体力学，材料力学，あるいは構造力学とよばれる．理想化された固体の性質と力学に基づいて体系化したものが固体力学である．また，固体の破損・破壊現象を力学的に解明することを主な課題とする学問分野は材料強度学である．材料力学は，固体力学と材料強度学を２本柱とする学問分野である．一方，材料に着目すると同時に構造物の形と変形挙動に着目するとき，構造力学という呼び方をする．しかし，固体力学，材料力学，あるいは構造力学がカバーする内容はそれぞれに拡大してきており，その範囲はかなり重なり合っている．そこで，本工学教程においては，伝統的な意味においてではなく，現代的な意味において三者のカバーする領域を総称する学問分野として，材料力学という名称を使うこととする．材料力学は工学のほぼすべての分野に及ぶ基盤的な学問分野である．本工学教程・材料力学においては材料力学Ⅰ，Ⅱ，Ⅲに分けて材料力学の全容を記述する．

材料力学Ⅰでは，第１章において，力学，構造力学，連続体力学，構造設計などの周辺領域との関係の説明を充実させることで，本書で扱う材料力学の位置づけを明確にする．第２章では，ばね-質点系の運動を導入として，材料の変形を表す基本力学量について説明する．第３章では，構造を表現する基本要素のうち，１次元問題として記述できる棒の引張り，圧縮，曲げ，ねじり変形について述べ，さらに薄肉の円筒と球の変形，トラス構造の変形について説明する．第４章では，棒の座屈の基本的考え方を述べ，第５章では，熱荷重と熱応力の基本的な性質について説明する．第６章では，材料力学の問題が境界値問題として表されることを示し，その一般的な解法の考え方を説明し，将来の有限要素法などの勉強につなげる．第７章では，材料強度の基本について述べた後に，構造設計の目的と重要な考え方を説明する．材料力学Ⅰを通して，材料力学に関する基本的な考え方を学べるだけでなく，材料力学から始まる工学の広がり，奥深さ，面白さを学ぶきっかけとなる．

材料力学Ⅱでは，材料力学を工学のさまざまな分野において，実用レベルで活用する際に必要となる考え方と知識を説明する．まず，材料力学Iで扱う内容について，多次元問題として扱うなど一般化した説明を行う．具体的には，変形を表す基本力学量，変形を支配する基礎式，厚肉の円筒と球，平板，殻という構造の基本要素，熱応力と残留応力，一般的解法の基礎について説明する．さらに，材料力学IIから扱う新しい問題として，材料非線形性と幾何学的非線形性の基礎，応力集中概念，破損・破壊現象，複合材料の基礎について説明する．最後に，材料力学と材料強度論を組み合わせて構造設計に応用するために必要となる知識の枠組みとして，荷重の性質と評価法，設計基準，不確実性の扱いなどについて説明する．

材料力学IIIでは，材料力学をさまざまな分野の先端的な問題において活用していくための橋渡しとして，非線形解析における応力とひずみ，材料非線形，幾何学的非線形と座屈，動的状態，非定常熱応力，境界非線形(接触)，材料強度論について，より詳しく説明する．最後に，材料力学I，IIではほとんど触れなかったさまざまな構造用材料の特性について，金属材料，セラミックス，高分子材料，複合材料，コンクリート，地盤材料について説明する．

本工学教程では，刊行の趣旨に述べられているように，基本的にはIは基礎(2年生後半から3年生を対象)，IIは専門基礎(4年生から大学院修士課程を対象)，IIIは専門(大学院修士課程を対象)としている．材料力学を学ぶ学生は工学部・工学系研究科では，建築・土木(社会基盤)，航空宇宙，機械，船舶海洋，原子力，資源(地球)，材料工学，応用物理，システム創成と幅広く，また，電気電子系や化学系でも，プラントやデバイスの設計や評価などで材料力学の知識を必要とする．また，それぞれの専門分野において，材料力学の各項目への重点の置き方も教える順番も異なる．さらに，材料力学を出発点として，周辺の学術分野へも幅広く展開する．

以上のことから，材料力学Iでは，どの専門分野を志向する学生であっても，この1冊で一応ほぼすべての観点を理解できるように内容を構成した．一方，材料力学を一般の専門(たとえば，機械，航空，建築・土木，原子力など)で使おうとする学生については，材料力学IとIIを連続して勉強することを勧める．ただし，専門分野の必要性に応じて，材料力学IIの内容は部分的に読み飛ばしてもよい，という構成になっている．

さらに，材料力学IとIIの内容だけでは，先端的な部分，たとえば有限要素法による非線形解析や動的解析などを理解するには不十分であるので，そこへの橋渡しとして材料力学Ⅲが準備されている．そのような要求を持つ読者は，材料力学Ⅰ，Ⅱ，Ⅲを継続して学習することが必要となる．材料力学Ⅰ，Ⅱ，Ⅲを読み進めた読者には，それぞれの専門分野において材料力学を活用するとともに，その先に続くより広大で深遠な材料力学の世界を堪能して欲しい．

なお，本書には基本理論と考え方をしっかりと記述しているので，別途演習を通して理解を深めて欲しい．

1　材料力学とはどのような学問か

本章では，力学，固体力学，構造力学，連続体力学，構造設計，有限要素法などのさまざまな関連学問領域との関係に関する説明を通して，本書で扱う材料力学の位置づけをはっきりさせる．

1.1　固体，液体，気体，熱，連続体の関係

私たちを取り巻く自然界に存在する物質，あるいは人間が作り出す人工物は，基本的に固体，液体，気体のいずれかの様相を呈している．水を例に挙げると，水は H_2O という水分子の集合体であるが，大気圧下では，温度が 0℃ 以下で氷とよばれる固体となり，0～100 ℃の間では水とよばれる液体であり，100℃を超えると水蒸気とよばれる気体となる．固体というのは固く安定であるが，力を受けると変形し，作用する力が消えると形も元に戻る．また，過大な力が加わるとひび割れが生じたり，破壊したりする．液体や気体は自在に形を変え，高いところから低いところへ，重いものは下へ軽いものは上へと流れを生じる．さらに，空気に代表される気体は，形のみならず体積も容易に変化する．自然界における川の流れや海流，潮の満ち引き，また高温機械を冷却する冷却水の流れは液体の現象である．また，自然界における大気の流れや，暑い夏に空調機が送り出す涼風などは気体の現象である．このように何らかの力を受けて生じる固体の変形や，液体や気体の流れを扱う学問体系として，それぞれ固体力学や流体力学が研究されてきた．一方，固体や液体，気体という物質を媒体として生ずる現象には，熱の移動や電磁現象などがある．本書では，力を受ける固体の挙動(固体の力学的挙動)に着目した学問分野を取り扱う．

私たちの生活はさまざまな固体に取り囲まれており，大いにその恩恵を受けている．私たちが住む家は木や鉄，石，コンクリートなどの固体からできている．私たちが中長距離の移動に利用する自動車や鉄道，船，飛行機も主に金属という固体からできている．道路も橋も固体であるし，コンピュータの心臓部にあたる半導体素子も固体である．また，私たちの生活空間の下に広がる地面や地殻も固体である．このように私たちの生活空間に溢れる固体であるが，固体の形態や構

造などについては，私たちの生活を快適にしたり，さまざまな危険から私たちの身を守るために，種々の工夫がなされている．

いま，一例として私たちに馴染みの深い自動車を取り上げ固体力学の役割について考えてみよう．自動車を開発するにあたっては，運転性能，居住性，スタイリング，燃費，安全性，環境への配慮などが総合的に考慮される．特に自動車の基本機能は，人や荷物などの重量物を運ぶことであるので，自動車の車体にはそれなりの固さが必要である．一方，燃費の節減という経済性や環境配慮の観点からは自動車自体の重量は軽いほうがよい．また，万が一の衝突事故を考えてみよう．装甲車のように堅牢に作られていると衝突の際に，自動車自体の変形や損傷は軽微に済むものの，衝突時の衝撃エネルギーは搭乗者に直接振りかかることとなり，搭乗者は即死してしまうだろう．一方，柔らか過ぎれば衝突時に車は大破してしまい，やはり人命を守ることはできない．結局，自動車の前部や後部が適度に変形し，クッションの役割を果たして衝撃時のエネルギーを吸収し，しかし，搭乗者の空間は確保されるように自動車の構造を設計しておくことが要求されるのである．これは「卵を衝撃から守って壊さないように運ぶときにはどのような箱に入れるとよいか」ということを考えてみるとよくわかるだろう．図 1.1 に自動車の衝突安全性能試験の一つである前面衝突試験の様子とそれに対応する計算機シミュレーションの結果を示す．この試験はコンクリートブロックに時速 64 km でオフセット(片側)前面衝突させた際の結果である．これを見ると前部のみがつぶれ乗車スペースは衝撃時の変形を最小限に抑え，生存空間がしっかりと確保されているのがわかる．これは偶然の結果ではない．このような自動車を実現するために，自動車の構造は車体の骨格を成す骨組構造に薄い板を貼り合わせた構造となっていて，上記の目的に応じてその配置やバランスをどのように適切に保つべきかが，自動車車体設計の主眼となっている．さらに，こうした安全性関連の設計項目に加えて，環境の視点からリサイクルしやすい車体構造を考慮することも必要になっている．その際には，材料のリサイクルのしやすさと強度の両立や，分解・解体のしやすさと強度の両立などが課題となり，ますます高度な固体力学的観点からの設計が要求されている．

以上では，固体を例に物体が力を受ける際の挙動を説明したが，固体・液体・気体が力を受ける際のさまざまな力学現象を理論的に扱う方法は，3 つのアプローチに大別される．第一のアプローチは，物質を構成している基本粒子，すなわち，原子・分子の運動に着目して現象を記述する**ミクロスコピックなアプロー**

(a)　実験

(b)　計算機シミュレーション

図 1.1　自動車の衝突実験と計算機シミュレーション
（トヨタ自動車株式会社より提供）

チである．図 1.2(a)にそのイメージを示す．このアプローチでは，まず任意の 2 つの粒子間に作用する相互作用則を導き出すことになる．この相互作用則は多くの場合に，時間発展に関する常微分方程式で表される．それをもとに粒子の集団の運動を時間発展的に解析する．これには，分子運動論や統計力学，分子動力学とよばれる手法が用いられる．ミクロスコピックなアプローチについては，工学教程の物理系の『量子力学』などの巻を参照されたい．

第二のアプローチは，物質の現象論的・平均的挙動に着目する**マクロスコピックなアプローチ**である．図 1.2(b)にそのイメージを示す．第二のアプローチは一般に**連続体力学**とよばれ，工学的な観点から特に重要となる．連続体力学においては，物体を連続的に広がる媒体とみなし，その挙動を記述する変数 U が場所 x_i $(i=1,2,3)$ と時間 t の関数 $U(x_i,t)$ であると定義し，それを用いて物体の力学的現象を記述する支配方程式（多くの場合に偏微分方程式となる）が導かれる．支配方程式に加えて，所定の境界条件と初期条件が与えられれば，その現象を一意に記述することができる．

また，ミクロスコピック・アプローチとマクロスコピック・アプローチの中間

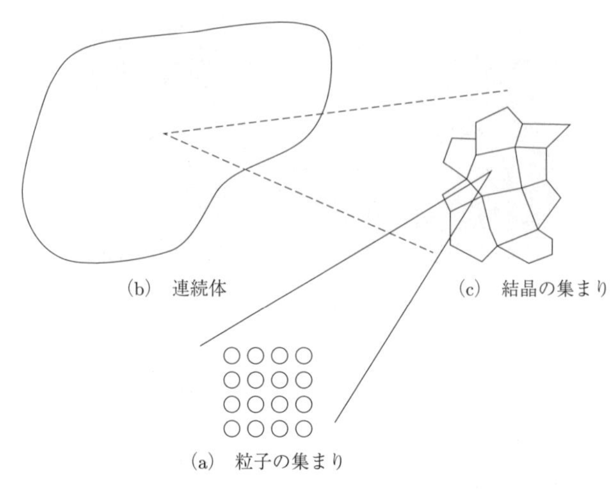

図 1.2 固体の異なる表現

に位置し，原子・分子までは立ち戻らないものの，たとえば結晶構造のような中間構造に着目したモデル化に基づく方法は，**メゾスコピック・アプローチ**とよばれる．図 1.2(c)に結晶構造をもつ物体のイメージを示す．この第三のアプローチは，中間構造の捉え方やモデル化の違いによって実にさまざまな手法が存在する．さらに，これらの 3 つの中の複数のアプローチを同時に取り込んだアプローチはマルチスケール・アプローチとよばれる．

これらのアプローチには精度や効率などの観点でそれぞれに特徴があるので，それらを適宜勘案しながら解析目的に応じて適切なモデル化を採用する必要がある．工学教程『材料力学』においては，主にマクロスコピック・アプローチに基づく固体の現象の記述を扱う．

1.2 材料力学，固体力学，構造力学の関係

先に述べたように，意図したものか偶発的なものかにかかわらず力が加えられたときに生じる固体の変形や破損挙動を定量的に把握することが，固体を適切に利用していくためにとても重要である．このための学問分野は固体力学，材料力学，あるいは構造力学とよばれる．それらは重なる部分も多いが，異なる部分も

ある．本節では，それらの関係について少し整理したい．

第2章以降で詳述するが，固体に力が作用すると変形するものの，加える力があまり大きくないときには力を取り除くと形は元に戻る．このような変形を**弾性変形**という．加える力を徐々に大きくしていくと，やがて力を取り去っても形が完全には元に戻らない状態になる．これを**塑性変形**という．さらに力を加え続けると，最終的に破損や破壊に至る．薄い金属板を型に入れて成型する塑性加工などの特別な場合を除いて，通常の機械や構造物は，使用期間中もその形状を保つことが重要なので弾性変形の範囲内で使用されなければならない．そこで機械や構造物の性能を阻害するほどの大きな変形の発生や破損事故，破壊事故の発生を未然に防ぐために必要不可欠となる知識を，理想化された固体(連続体)の性質と力学に基づいて体系化したものが**固体力学**である．

また，7.1.1項cで述べるように，力の大きさが小さく，弾性変形の範囲であっても，固体に反復的な力が加えられ続けると小さなひび割れが発生し，次第にそれが成長し，最終的には破断に至ることがある．このような現象を**疲労破壊**という．力を受ける固体が損傷したり破壊する現象には，ここに述べた過大変形による破損，破壊や疲労破壊の他にもさまざまな形態がある．このような破損・破壊現象を力学的に解明することを主な課題としている学問分野が**材料強度学**である．材料力学は，固体力学と材料強度学を2本柱とする学問分野である．

一方，橋やビルディングに象徴されるさまざまな固体状の物質(材料)によって構成される人工物は構造物とよばれる．構造物というときには，そこに使われている物質(材料)が何であるかと同時に，その構造物の有する形(形状)も重要な意味をもつ．たとえば図1.3に示すように，同じ断面積をもつ棒状の部材であっても，それを同じ程度に曲げようとしたときに，必要となる力(モーメント)は異なる[*1]．たとえば，橋やビルを構築する際に，少ない材料で同じ容積，同じ強さの構造物を作ることができるとしたら，少ない材料のほうがコスト的にも望ましいことは明らかであろう．このように構成する材料に着目すると同時に構造物の形と変形挙動に着目するとき，特に**構造力学**という呼び方をする．慣習的には，物理学の一分野という観点では固体力学という名称がよく使われ，工学分野において材料の変形や強度的な側面を含む観点では材料力学という名称が使われ，工学分野において構造物の力学挙動に関する観点からは構造力学という名称が使われ

*1　3.2.3項で詳述する．

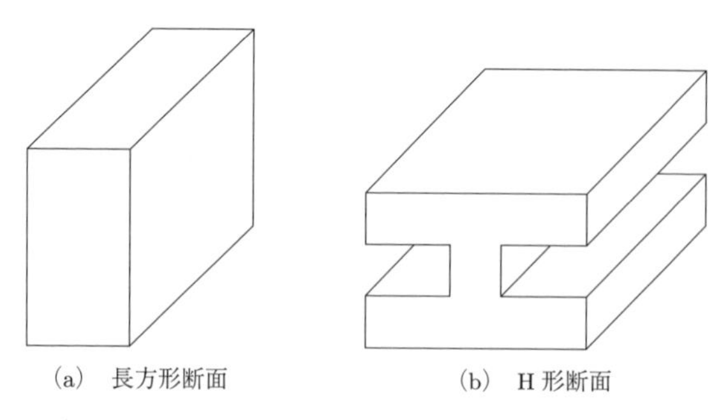

図 1.3　同じ断面積を有する棒状の部材

てきている．しかし，工学教程『材料力学 I，II，III』を通して明らかとなるように，固体力学，材料力学，あるいは構造力学がカバーする内容はそれぞれ次第に拡大してきており，現在はその範囲はかなり重なり合っている．したがって，本書では，伝統的な意味においてではなく，現代的な意味において三者のカバーする領域を総称する学問分野として，**材料力学**という名称を使うこととする．これまでの説明から明らかなように，材料力学は工学のほぼすべての分野に及ぶ基盤的な学問分野である．

1.3　質点や剛体から一般の固体へ

物理学の一分野である古典力学の基本法則は，**Newton**(ニュートン)**の三法則**に帰着する．すなわち，

第一法則(慣性の法則)：物体が力の作用を受けないとき，その物体は静止し続けるか，あるいは等速直線運動を続ける．

第二法則(運動方程式)：物体に力ベクトル $\boldsymbol{F}$(N)が作用するとき，力の作用方向に，その力の大きさに比例した加速度ベクトル $\boldsymbol{a}$(m/s^2)が生じる．すなわち，

$$m\boldsymbol{a} = \boldsymbol{F} \tag{1.1}$$

ここで，m(kg)は物体の質量である．

第三法則(作用・反作用の法則)：物体 1 から物体 2 に力ベクトル $\boldsymbol{F}_{21}$ が作用するとき，物体 2 から物体 1 に対して常に大きさが等しく逆向きの力ベクトル $\boldsymbol{F}_{12}$

が作用する.

$$\boldsymbol{F}_{12} = -\boldsymbol{F}_{21} \tag{1.2}$$

古典力学において登場する**質点**とは，質量は有するものの，大きさ(体積)がゼロの点であり，Newton の第二法則を適用する際に頻繁に出てくる概念である．宇宙空間における天体の動きや，空を飛ぶ航空機の経路などを考える際には，運動を考える空間の大きさに比べて，物体の大きさは十分に小さくゼロとみなせるので，質点は適切な物理モデルであるといえる.

次に，物体の体積をもはや無視できなくなると，体積を考慮した運動を考える必要がでてくる．ここで，有限の大きさの体積を有するものの，どれほど大きな力を加えても変形しない物体を**剛体**とよぶ．剛体の運動は，剛体の重心の運動に加えて，重心周りの回転運動も考慮する必要がある．すなわち，3 次元空間での剛体の運動を考えると大きさにかかわらず，x，y，z 方向への平行運動 3 成分に加えて，x 軸，y 軸，z 軸周りでの回転運動 3 成分によって表される．なお，回転運動を引き起こす力は，回転モーメントによって表現される.

さらに，有限の体積を有し，力を加えると形が変わる(変形する)物体(固体)を材料力学では扱うことになる．現実に存在する機械や構造物は，有限の体積を有し，力を加えれば少なからず変形するので，先に述べた質点や剛体は固体の特殊な場合に対応する物理モデルであるといえる.

さて，有限の体積を有し，力を受けると変形する物体についてさらに考察を進めてみよう．図 1.4(a)に変形前の 2 次元の物体(平板)を示す．いま，この物体の

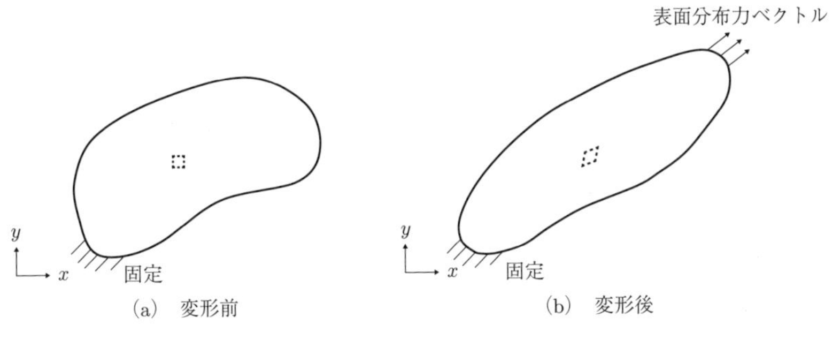

図 1.4　変形前後の 2 次元の平板

内部に小さな四角の枠を点線で描いておくことを考えよう．次に，この物体の周囲(境界)の一端を固定し，他の端部に**表面分布力ベクトル**(外力)を加えることを考える．そうすると，物体は，たとえば，図 1.4(b)に示すような形に変形する．このとき，変形前に点線で描いておいた小さな四角も，図 1.4(b)に示すような形に変形することになる．この変形した物体に表面分布力を加えるのをやめると，物体は図 1.4(a)に示す元の形に戻ることになる．ここで，次のような思考実験を試みる．すなわち，図 1.4(b)に示す表面分布力を加えられて変形した物体中に点線で描かれた微小部位を仮想的に切り出すことを考える．もし，この微小部位の周囲に何も力が作用していなければ，この微小部位の形は元の四角に戻ってしまうであろう．逆にいえば，この変形した形を保つためには，この微小部位の周囲に何らかの力が働いていなければならない．つまり，物体の境界に表面分布力(外力)を受けて変形している図 1.4(b)の物体の内部には何らかの力が発生しているはずである．このような力を**内力**という．第 2 章で詳述するように，この内力の記述が，一般的な連続体の力学を扱う上で大変重要となる．

さらに，図 1.4(a)に示す変形前の物体の境界に表面分布力を衝撃的に加えると，瞬間的には荷重の加わった部分近傍のみが変形し，時間の進行とともにその変形が徐々に内部に伝わっていく．すなわち，固体中を局所的な変形が波のように伝播*2 することになる．

1.4　材料力学から構造設計へ

材料力学は，これまで述べてきたように固体や構造物の変形や強度を評価する学問分野である．つまり，材料力学を活用すると，機械や構造物がある力を受けるとどのように変形するのか，あるいは壊れないかどうかを定量的に評価することができる．一方，1.1 節で述べたように自動車を作るという立場で考えてみると，万が一，壁に衝突したときに，変形や破壊が生じたとしても搭乗者の乗車空間にまで変形が至らず搭乗者の安全を守ることが求められる．このように機能や安全性を損なわない程度に変形が留まり，破壊が起こらないようにするには，機械や構造物の形や構造をどのように決めればよいかということが問われることに

*2　局所的に生じた内力や変形が固体中を伝搬する波動現象については，工学教程『材料力学 III』4 章を参照のこと．

なる．このように設定される課題を解くプロセスを**構造設計**とよぶ．つまり，材料力学は機械や構造物の構造設計を行う際の基盤を提供する学問分野となる．このことから，材料力学はものづくりにおいて必須の学問分野でもある．構造設計の考え方については第7章で改めて述べる．

2 材料の変形を表す基本力学量と基礎式

固体は一般に固く安定であるが，力を受けると変形する．また，力の受け方によってはいろいろな様式の破損や破壊を生じる．本章では，まず材料力学の出発点として固体が示す最も基本的な弾性変形現象[*1]について概説し，材料の変形を表す基本力学量と基礎式を明らかにする．1.1 節に述べたように，固体は本来，原子・分子の集合体であるが，そのようなミクロスコピックな視点に基づく現象の記述については本書では扱わず，固体の現象論的・平均的挙動に着目したマクロスコピック・アプローチ(**連続体力学**とよばれる)に基づいて説明する．

2.1 導入：ばね–質点系の運動

本題である固体の変形を考える前に，図 2.1(a)に示すようなばね(ばね定数 k (単位は N /m))で結ばれた質点(質量 m(kg)，体積ゼロ($\mathrm{m^3}$))の運動を考えてみよう．質点に x_1 軸方向荷重 F_1(N)を加えたとき，質点の移動量(すなわちばねの

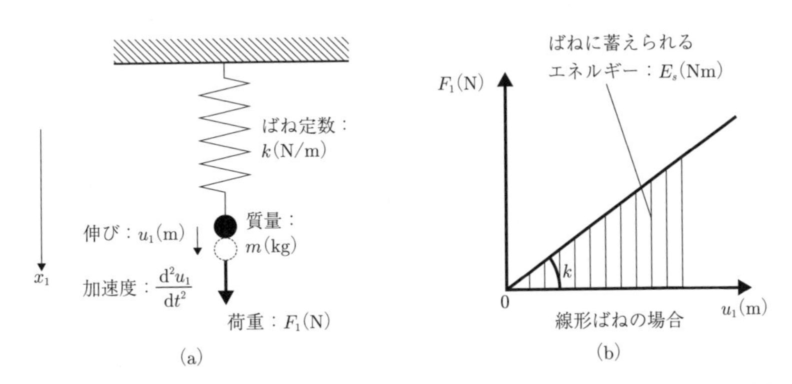

図 2.1 ばね–質点系(a)，ばねの荷重–伸び関係とばねに蓄えられるエネルギー(b)

---

*1 後述するように，弾性変形の中でも，どの方向にも等方的に変形し，かつ外力と変形が比例するような線形な等方性線形弾性体の変形挙動について述べる．

伸び)を u_1(m)とすると，質点には，加えた荷重に比例する加速度を生じるという1.3節に述べたNewtonの第2法則に従い，

$$m\frac{\mathrm{d}^2u_1}{\mathrm{d}t^2}=F_1-ku_1 \tag{2.1}$$

と書ける．ここで，$-ku_1$ はばねが元に戻ろうとする力(復元力)である．もしばねをゆっくり引張ると，加速度項 $\mathrm{d}^2u_1/\mathrm{d}t^2$ はゼロとなり，式(2.1)は次式のようにばねの静的な釣合いを表す式となる．

$$ku_1=F_1 \tag{2.2}$$

このとき，ばねに蓄えられるばねの伸びのエネルギー E_s(Nm)は，図2.1(b)に示すようにばねの荷重-伸び線図を積分することによって得られ，

$$E_S=\int_0^{u_1}F_1\,\mathrm{d}u_1=\int_0^{u_1}ku_1\,\mathrm{d}u_1=\frac{1}{2}F_1u_1=\frac{1}{2}ku_1^2 \tag{2.3}$$

のように書ける．

以上のばね-質点系においては，簡単のために x_1 軸方向のみの運動を考えたが，これを一般化すると，そこに登場する力学量は，**荷重ベクトル** F_i $(i=1, 2, 3)$，質点の**移動量ベクトル**(ばねの伸びベクトル) u_i $(i=1, 2, 3)$ およびばねの強さ(剛性とよばれる)を表す**ばね定数** k(各方向のばねは同じとする)の三者である．また，ばねの伸びのエネルギーは式(2.3)を3次元に拡張した次式で表される．

$$E_s=\int_0^{u_1}F_1\,\mathrm{d}u_1+\int_0^{u_2}F_2\,\mathrm{d}u_2+\int_0^{u_3}F_3\,\mathrm{d}u_3=\sum_{i=1}^{3}\int_0^{u_i}F_i\,\mathrm{d}u_i \tag{2.4}$$

一方，本書で扱う固体は，ある大きさの体積$(V\neq 0)$を有するので，固体内部で生じる現象を捉えることが基本となる．結論からいえば，次節以降で詳しく述べるように荷重ベクトル，固体の各点の移動量ベクトルに加えて，応力とひずみという量が新たに登場し，応力とひずみを結びつける経験則として構成式あるいは構成方程式とよばれる関係式が定義される．構成式は，ばね-質点系におけるばね定数に対応するものと考えるとよい．さらに，変形する固体中に蓄えられるエネルギーとしてひずみエネルギーという量も登場する．

2.2 基本力学量と基礎式

まず固体の最も基本的な変形様式として微小変形[*2]する弾性体[*3]の変形の基礎式について説明しよう．なお，理解を容易にするために，ここでは，はじめに図 2.2 に示す一辺の長さ a(m)の正方形の断面を有する長さ L(m)の細長く真っすぐな棒を考える．この棒の一端を固定し，他端に引張力 F(N)を作用させる．すると，作用端に作用する単位面積あたりの力は F/a^2(N/m^2)となる．また，引張力が作用した結果，この棒が u(m)だけ伸び，全体の長さが $L+u$(m)となっているとする．この棒の任意の部位で，端面に平行な面で仮想的に切断することを考える．そうすると，もし切り取られた下部の物体の切断面(上端面)に力が働いていないとすると，その下部の物体は縮んで元の長さに戻ってしまうであろう．したがって下部の物体が変形状態を保つためには，その切断面(上端部)に引張方向の力が働く必要がある．同時に，切り取られた上部の物体の切断面(下端部)には下向きの力が働いているはずである．この上部の物体の切断面(下端部)に作用する下向きの引張力と下部の物体の切断面(上端部)に働く上向きの力はバランスする．すなわち，大きさが等しく，向きが反対にならなければならない．この結果，外部からは観測できないものの，変形する物体の内部には力が働

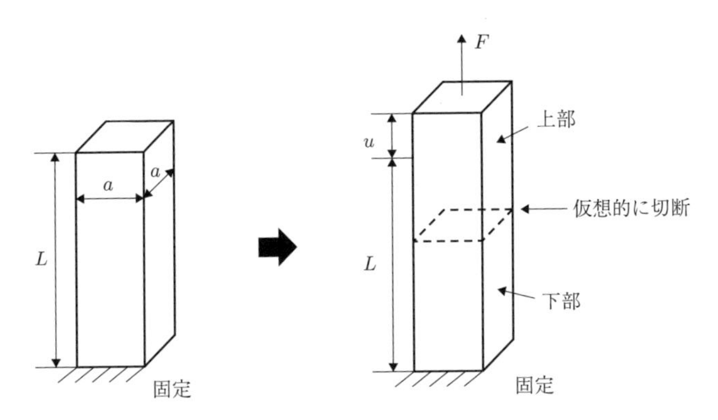

図 2.2 荷重を受けて伸びる棒を仮想的に切断する

*2 後述するひずみが十分に小さな変形のことを指す．本書 2.2.3 項を参照のこと．
*3 2.2.4 項で詳述する．

いているのである．この力を**内力**とよぶ．

2.2.1　応　　　力

固体が外力を受けると変形する．その際に固体内部の至るところに変形が生じる．逆にいえば，固体内部の局所的な変形の積み重ねによって固体全体の変形が定まる．そこで，これから固体内部に生じる変形現象について考えてみることにしよう．はじめに固体内部に発生する内力の状態を表す応力とよばれる量について考えよう．

まず，図 2.3 に示すように物体の周囲(境界)の一端が固定され，別の一端に表面分布力ベクトル(外力)を受けて変形している 2 次元平板(板厚 h(m))を，1 つの直線で仮想的に切断することを考えてみよう．もしこの直線によって切断された面に何の力も作用していないとすると，切断された各部は力のバランスがくずれ，それぞれどこかに飛んでいってしまうであろう．そうならないためには，切断された仮想切断面に何らかの内力が作用して，各部の変形が切断前と同じ状態になっていなければならない．しかも，この仮想切断面に外部から作用する力は存在しないので，各部の仮想切断面に作用する分布力ベクトルは合わせたときにゼロとなる必要がある．このように考えると，この仮想切断面を通して各部に働く単位面積あたりの分布力ベクトル(内力)はそれぞれ $\boldsymbol{t}(x_1, x_2)=(t_1(x_1, x_2), t_2(x_1, x_2))$ および $-\boldsymbol{t}(x_1, x_2)=(-t_1(x_1, x_2), -t_2(x_1, x_2))$ と記述することができる．この分布力ベクトル(内力)の単位は $\mathrm{N/m^2}$ $(=\mathrm{Pa})$ である．

以上の考え方を念頭においた上で，次に図 2.4 (a) に示すように，物体の周囲に表面分布力ベクトル(外力)を受けて変形している平板を，座標系 x_i $(i=1, 2)$ に

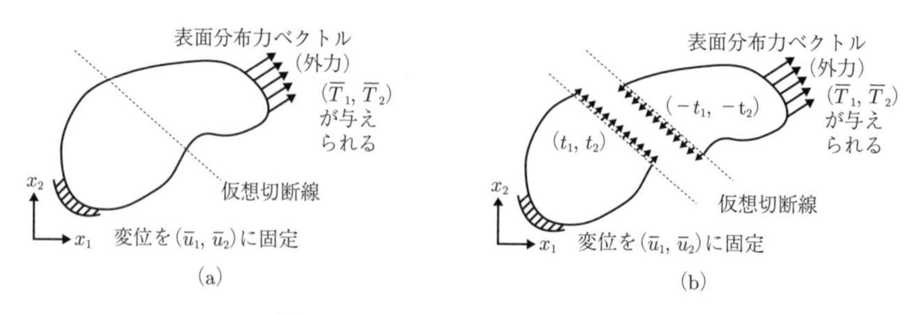

図 2.3　仮想切断線で切断された平板

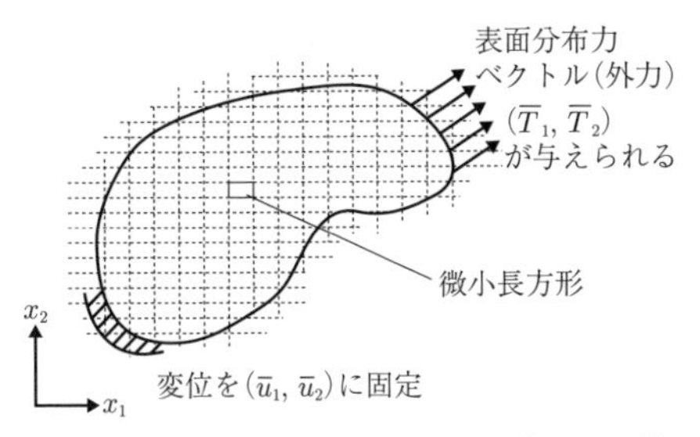

(a) 多数の微小長方形に仮想的に切断された平板

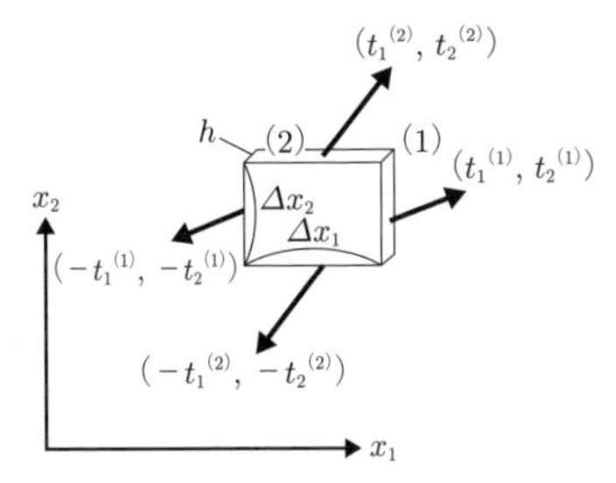

(b) 微小長方形に作用する表面分布力ベクトル(内力)

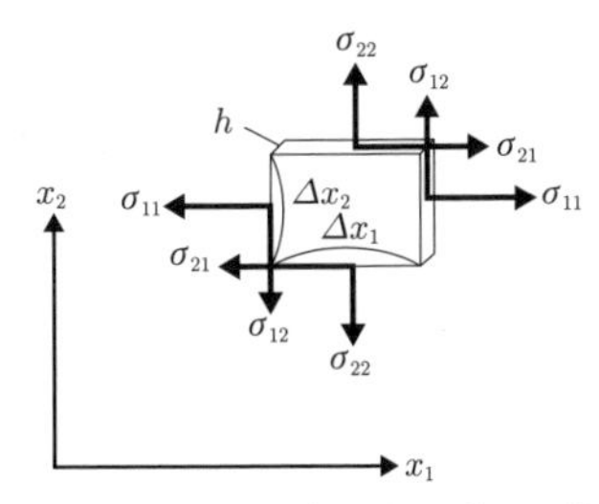

(c) 応力の定義(応力場が均一の場合)

図 2.4 応力の考え方と定義

直交する十分に小さな多数の長方形で仮想的に切断することを考えよう．その1つの微小長方形を取り出したものを図2.4(b)に示す．図中のΔx_iは微小長方形のx_i軸方向の一辺の長さを表す．先程の議論と同様に，この微小長方形が変形する平板内部に埋め込まれているときと同じ力学状態を保つためには，4つの面に周りから内力が作用していなければならない．x_1軸に直交する面番号を1として，そこに作用する単位面積あたりの分布力ベクトル(内力)を

$$\boldsymbol{t}^{(1)}=(t_1{}^{(1)}, t_2{}^{(1)}) \tag{2.5a}$$

とおくことにする．同様にx_2軸に直交する面番号を2として，その面に作用する単位面積あたりの分布力ベクトル(内力)を

$$\boldsymbol{t}^{(2)}=(t_1{}^{(2)}, t_2{}^{(2)}) \tag{2.5b}$$

とおく．微小長方形の4つの面のうち，それぞれ平行な2つの面は微小距離Δx_iしか離れておらず，かつ均一な力学状態にあると仮定する．なお，力学状態が均

一でない一般的な場合については 2.2.2 項で説明する．すると，この微小長方形に作用する内力は式(2.5)の 4 つの成分からなることがわかる．言い換えると，変形する 2 次元平板中の任意の点に存在する微小長方形に作用する内力は式(2.5)の 4 つの成分によって表される．このように定義される力学量を通常，

$$\sigma_{ij}=\begin{bmatrix}\sigma_{11} & \sigma_{12}\\ \sigma_{21} & \sigma_{22}\end{bmatrix} \tag{2.6}$$

と行列形式で表し，**応力**とよぶ*4．式(2.5)と式(2.6)から

$$\sigma_{ij}\equiv t_j^{(i)} \tag{2.7}$$

と対応させていることがわかる．また，以上の定義から応力の単位が N/m^2 であることも理解されよう．改めて応力を微小長方形に書き込むと図 2.4(c)に示すようになる．ここでは証明は示さないが，上記の微小長方形に関する角運動量の保存則から応力は次式で表される対称条件を満足することが示される．

$$\sigma_{12}=\sigma_{21} \tag{2.8}$$

この対称条件を考慮すると，上記の 2 次元平板問題*5 では実際に独立な応力の成分は 3 個となる．応力成分のうち，各面に垂直方向に作用する σ_{11}, σ_{22} は**垂直応力**とよばれ，各面に平行方向に作用する σ_{12} は**せん断応力**とよばれる．各応力成分の正負は次のように定義される．正であるということは，正の面(外向き法線ベクトルが座標軸 x_i の正の方向を向く面)に作用する応力成分については正の座標軸方向を向いており，負の面(外向き法線ベクトルが座標軸 x_i の負の方向を向く面)に作用する応力成分については負の座標軸方向を向いていることを表す．負であるということは，それらの逆向きと定義される．図 2.4(c)にはすべて正の応力を表示している*6．

なお，応力 σ_{ij} のように 2 つ(以上)の指標(インデックス)を用いて表現されるような量を数学では**テンソル***7 とよぶ．なお，3 次元問題に一般化すると，応力

*4　建築分野では，断面に作用する力を**応力**(単位 N)，単位面積あたりの応力を**応力度**(単位 N/m^2)とよぶこともある．

*5　2.2.6 項 a で詳述するように，2 次元平板の応力状態は，平面応力状態とよばれる．

*6　垂直応力成分に着目すると，正は引張力，負は圧縮力に対応する．

*7　テンソルの厳密な定義については工学教程『ベクトル解析』2 章を参照のこと．

は次のように書ける．なお，3 次元問題の一般的理論については，工学教程『材料力学 II』2 章を参照のこと．

$$\sigma_{ij}=\begin{bmatrix}\sigma_{11} & \sigma_{12} & \sigma_{13}\\ \sigma_{21} & \sigma_{22} & \sigma_{23}\\ \sigma_{31} & \sigma_{32} & \sigma_{33}\end{bmatrix} \tag{2.9}$$

2.2.2　応力の釣合い

次に微小長方形(その大きさは $\Delta x_1\times\Delta x_2\times h$，$h$ は厚み)に作用する応力が満たすべき条件について考えてみよう．一般に，微小長方形には 4 面に作用する応力 σ_{ij} に加えて，内部に**物体力ベクトル**(外力)$\overline{F_i}$ $(i=1,2)$(単位は N /m^3)が作用し，その結果として加速度ベクトルが生じる．微小長方形の中心点の移動量ベクトル(2.2.3 項で述べるように変位ベクトルとよばれる)を u_i $(i=1,2)$(単位は m)とおくと，その時間に関する 2 階微分 $\mathrm{d}^2u_i/\mathrm{d}t^2$(単位は m /s^2)が加速度ベクトルを表す．また，平板の質量密度を ρ(kg /m^3)とおくと微小長方形の質量は $\rho h\Delta x_1\Delta x_2$ と表される．上付きの—はその量が外部から独立に付与される量であることを示す．代表的な物体力(**体積力**ともよばれる)には重力や電磁力がある．

さて，2.2.1 項の議論では，均一な力学状態を仮定したので，微小長方形の平行な 2 面の力学状態は同じであると述べたが，均一な力学状態でない場合には，微小距離 Δx_i だけ離れているので若干値が異なる．このことを考慮した上で，微小長方形に作用する力をすべて列挙すると図 2.5(a)のようになる．

以上の準備を整えた上で，微小長方形の x_1 軸方向の運動に関して Newton の第二法則を適用すると，次式が得られる．

$$\begin{aligned}(\rho h\Delta x_1\Delta x_2)\frac{\mathrm{d}^2u_1(x_1,x_2)}{\mathrm{d}t^2}=&\,\sigma_{11}(x_1+\Delta x_1,x_2)\Delta x_2h-\sigma_{11}(x_1,x_2)\Delta x_2h\\ &+\sigma_{21}(x_1,x_2+\Delta x_2)\Delta x_1h-\sigma_{21}(x_1,x_2)\Delta x_1h+\overline{F_1}(x_1,x_2)\Delta x_1\Delta x_2h\end{aligned} \tag{2.10}$$

上式においては，慣性力項と物体力項には微小長方形の体積が乗じられ，応力項には作用面の面積が乗じられて力(N)の単位に変換されている．ここで，$\sigma_{11}(x_1+\Delta x_1,x_2)$ と $\sigma_{21}(x_1,x_2+\Delta x_2)$ をそれぞれ点 (x_1,x_2) の周りに Taylor(テイラー)展開し，2 次以上の高次項を省略すると，次式が得られる．

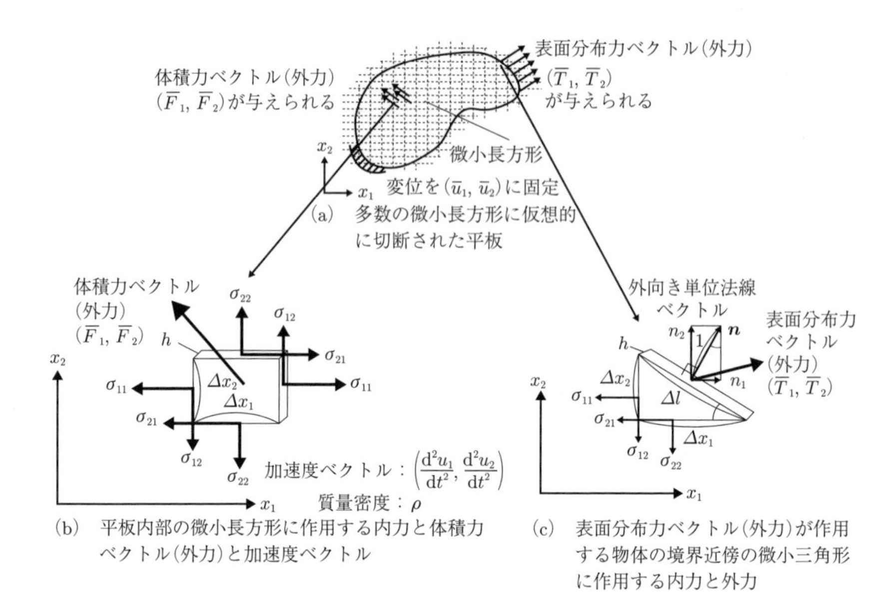

図 2.5　応力の釣合いの考え方

$$\sigma_{11}(x_1+\Delta x_1, x_2) \cong \sigma_{11}(x_1, x_2)+\Delta x_1 \left.\frac{\partial \sigma_{11}}{\partial x_1}\right|_{x_1, x_2} \tag{2.11a}$$

$$\sigma_{21}(x_1, x_2+\Delta x_2) \cong \sigma_{21}(x_1, x_2)+\Delta x_2 \left.\frac{\partial \sigma_{21}}{\partial x_2}\right|_{x_1, x_2} \tag{2.11b}$$

式(2.11)を式(2.10)に代入すると，次式が得られる．

$$\left(\sigma_{11}+\frac{\partial \sigma_{11}}{\partial x_1}\Delta x_1\right)\Delta x_2 h-\sigma_{11}\Delta x_2 h+\left(\sigma_{21}+\frac{\partial \sigma_{21}}{\partial x_2}\Delta x_2\right)\Delta x_1 h-\sigma_{21}\Delta x_1 h$$
$$+\overline{F_1}\Delta x_1 \Delta x_2 h-\rho\frac{d^2 u_1}{dt^2}\Delta x_1 \Delta x_2 h=0 \tag{2.12}$$

式(2.12)を整理し，両辺を微小長方形の体積 $\Delta x_1 \Delta x_2 h$ で割れば，

$$\frac{\partial \sigma_{11}}{\partial x_1}+\frac{\partial \sigma_{21}}{\partial x_2}+\overline{F_1}-\rho\frac{d^2 u_1}{dt^2}=0 \tag{2.13a}$$

が得られる．x_2 軸方向についても同様に考えると

$$\frac{\partial \sigma_{12}}{\partial x_1}+\frac{\partial \sigma_{22}}{\partial x_2}+\overline{F_2}-\rho\frac{\mathrm{d}^2 u_2}{\mathrm{d}t^2}=0 \tag{2.13b}$$

が得られる．以上をまとめると，力の釣合い式(**応力の平衡方程式**ともよばれる)を次のように書くことができる．

$$\sum_{j=1}^{2}\frac{\partial \sigma_{ji}}{\partial x_j}+\overline{F_i}-\rho\frac{\mathrm{d}^2 u_i}{\mathrm{d}t^2}=0, \quad i=1,2 \tag{2.14a}$$

式(2.8)の応力の対称性を考慮すれば上式は次のようにも書ける．

$$\sum_{j=1}^{2}\frac{\partial \sigma_{ij}}{\partial x_j}+\overline{F_i}-\rho\frac{\mathrm{d}^2 u_i}{\mathrm{d}t^2}=0, \quad i=1,2 \tag{2.14b}$$

上記の説明では，図 2.5(b)に示す固体内部から取り出された微小長方形に着目して力の釣合いを考えた．次に表面分布力ベクトル(外力) $\overline{T_i}$ $(i=1,2)$(単位は N /m^2)が作用している物体の境界近傍にとった図 2.5(c)に示されるような微小三角形(板厚 h(m)，斜面の長さは Δl(m))における力の釣合いを考えてみよう．なお，表面分布力ベクトルが作用する物体境界面に立てた外向き単位法線ベクトル[*8]を $\boldsymbol{n}=(n_1, n_2)$ とおく．微小三角形の 3 辺のうち，固体内部に入っている直交する 2 面には応力が作用しており，斜面は物体の境界面の一部であり表面分布力ベクトルが作用している．微小三角形に作用する内力と外力のうち，x_1 軸方向の力の釣合いを考えると，次式が得られる．

$$\overline{T_1}\Delta lh-\sigma_{11}\Delta x_2 h-\sigma_{21}\Delta x_1 h=0 \tag{2.15}$$

上式の両辺を Δlh で割ると，

$$\sigma_{11}\frac{\Delta x_2}{\Delta l}+\sigma_{21}\frac{\Delta x_1}{\Delta l}=\overline{T_1} \tag{2.16}$$

が得られる．図 2.5(c)に示されるように境界面に立てた外向き単位法線ベクトルの各成分は，$n_1=\Delta x_2/\Delta l$，$n_2=\Delta x_1/\Delta l$ であることがわかるので，それを式

*8　長さ 1 で表面に垂直な外向きのベクトルのこと．

(2.16)に代入すると，結局次式が得られる．

$$\sigma_{11}n_1+\sigma_{21}n_2=\overline{T_1} \tag{2.17a}$$

同様に，x_2 軸方向への力の釣合いを考えると，

$$\sigma_{12}n_1+\sigma_{22}n_2=\overline{T_2} \tag{2.17b}$$

が得られる．両式は次のようにまとめて書くことができる．

$$\sum_{j=1}^{2}\sigma_{ji}n_j=\overline{T_i},\quad i=1,2 \tag{2.18a}$$

あるいは，式(2.8)の応力の対称性を考慮すると次のようにも書ける．

$$\sum_{j=1}^{2}\sigma_{ij}n_j=\overline{T_i},\quad i=1,2 \tag{2.18b}$$

結局，この式は，物体の境界面に作用する表面分布力ベクトル(外力)とその境界面近傍の固体内部に発生する応力(内力)を関係づける式を与える．これは**Cauchy**(コーシー)**の公式**とよばれる[*9]．

2.2.3　変位とひずみ

次に，固体内部の変形状態を記述する変位とひずみという量について説明しよう．図 2.6 に示すように，変形前の状態において直交する微小線分を構成する 3 点，P(x_1, x_2)，Q$(x_1+\Delta x_1, x_2)$，R$(x_1, x_2+\Delta x_2)$ を考えよう．変形に伴って，点 P が座標 (x_1+u_1, x_2+u_2) の点P* に移るとき，u_i $(i=1, 2)$ は変形に伴う点の移動方向と移動量を表し，**変位ベクトル**とよばれる．点 P の x_i 軸方向への変位を $u_i(x_1, x_2)$ とおくと，点 Q，R の x_i 軸方向への変位はそれぞれ $u_i(x_1+\Delta x_1, x_2)$，$u_i(x_1, x_2+\Delta x_2)$と表せる．これに式(2.11)と同様の近似を施すと，

*9　Cauchy の公式は，座標変換とも関連づけられ，切断面が変わることによる内力の変化を表し，物体中のあらゆる物質点で成立する．この点については，工学教程『材料力学 II』2.1 節において述べる．

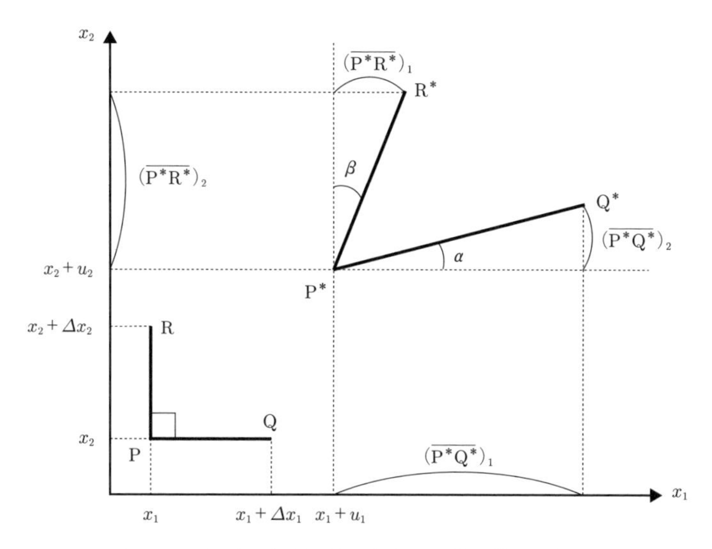

図 2.6　固体の変形に伴う直交する微小線分の移動

点 Q の変位：

$$u_i(x_1+\Delta x_1, x_2) \cong u_i(x_1, x_2) + \Delta x_1 \left.\frac{\partial u_i}{\partial x_1}\right|_{x_1, x_2}, \quad i=1, 2 \tag{2.19a}$$

点 R の変位：

$$u_i(x_1, x_2+\Delta x_2) \cong u_i(x_1, x_2) + \Delta x_2 \left.\frac{\partial u_i}{\partial x_2}\right|_{x_1, x_2}, \quad i=1, 2 \tag{2.19b}$$

が得られる．以上のことを考慮すると，変形に伴って点 Q，R が移った点 Q^*，R^* の座標はそれぞれ次のように書ける．

点 Q^* の座標：

$$\left(x_1+\Delta x_1+u_1+\frac{\partial u_1}{\partial x_1}\Delta x_1, x_2+u_2+\frac{\partial u_2}{\partial x_1}\Delta x_1\right) \tag{2.20a}$$

点 R^* の座標：

$$\left(x_1+u_1+\frac{\partial u_1}{\partial x_2}\Delta x_2,\, x_2+\Delta x_2+u_2+\frac{\partial u_2}{\partial x_2}\Delta x_2\right) \tag{2.20b}$$

以上の準備を整えた上で，変形に伴って 3 点 P, Q, R が 3 点 P*, Q*, R* に移動する際に，3 点の相対的な位置関係がどのように変化するかを調べてみよう．はじめに x_1 方向に沿う微小線分 $\overline{\mathrm{PQ}}$ の x_1 方向の長さ $(\overline{\mathrm{PQ}})_1=\Delta x_1$ が変形に伴ってどのように変化するかを調べるために，変形後の微小線分 $\overline{\mathrm{P^*Q^*}}$ の x_1 軸への射影 $(\overline{\mathrm{P^*Q^*}})_1$ を評価すると次のようになる．

$$(\overline{\mathrm{P^*Q^*}})_1=\left(x_1+\Delta x_1+u_1+\Delta x_1\frac{\partial u_1}{\partial x_1}\right)-(x_1+u_1)=\Delta x_1+\Delta x_1\frac{\partial u_1}{\partial x_1} \tag{2.21}$$

よって，x_1 軸方向に沿う微小線分 $\overline{\mathrm{PQ}}$ の変形に伴う x_1 軸方向への相対変化は次のように表すことができる．

$$\frac{(\overline{\mathrm{P^*Q^*}})_1-(\overline{\mathrm{PQ}})_1}{(\overline{\mathrm{PQ}})_1}=\frac{(\Delta x_1+\Delta x_1\partial u_1/\partial x_1)-\Delta x_1}{\Delta x_1}=\frac{\partial u_1}{\partial x_1}\equiv\varepsilon_{11} \tag{2.22a}$$

同様に，x_2 軸方向に沿う微小線分 $\overline{\mathrm{PR}}$ の変形に伴う x_2 軸方向への相対変化は次のように表すことができる．

$$\frac{(\overline{\mathrm{P^*R^*}})_2-(\overline{\mathrm{PR}})_2}{(\overline{\mathrm{PR}})_2}=\frac{(\Delta x_2+\Delta x_2\partial u_2/\partial x_2)-\Delta x_2}{\Delta x_2}=\frac{\partial u_2}{\partial x_2}\equiv\varepsilon_{22} \tag{2.22b}$$

式(2.22)で定義される量をひずみの**垂直ひずみ成分**とよぶ．

次に，変形に伴って x_1 軸方向に沿う微小線分 $\overline{\mathrm{PQ}}$ が x_1 方向に対してどれだけ傾くか，つまり図 2.6 における $\tan\alpha$ を評価してみよう．それは次式のように表される．

$$\begin{aligned}\tan\alpha&=\frac{(\overline{\mathrm{P^*Q^*}})_2}{(\overline{\mathrm{P^*Q^*}})_1}=\frac{(x_2+u_2+\Delta x_1\partial u_2/\partial x_1)-(x_2+u_2)}{\Delta x_1+\Delta x_1\partial u_1/\partial x_1}\\&=\frac{\Delta x_1\partial u_2/\partial x_1}{\Delta x_1+\Delta x_1\partial u_1/\partial x_1}=\frac{\partial u_2/\partial x_1}{1+\partial u_1/\partial x_1}\cong\frac{\partial u_2}{\partial x_1}\end{aligned} \tag{2.23a}$$

なお，上式の最後において $\partial u_1/\partial x_1$ は1よりも十分に小さいことを利用した*[10]．同様に，変形に伴って x_2 軸方向に沿う微小線分 $\overline{\mathrm{PR}}$ が x_2 軸に対してどれだけ傾くか，つまり図2.6における $\tan\beta$ を評価すると，次式のように表される．

$$\tan\beta=\frac{(\overline{\mathrm{P^*R^*}})_1}{(\overline{\mathrm{P^*R^*}})_2}=\frac{(x_1+u_1+\Delta x_2\partial u_1/\partial x_2)-(x_1+u_1)}{\Delta x_2+\Delta x_2\partial u_2/\partial x_2}$$
$$=\frac{\Delta x_2\partial u_1/\partial x_2}{\Delta x_2+\Delta x_2\partial u_2/\partial x_2}=\frac{\partial u_1/\partial x_2}{1+\partial u_2/\partial x_2}\cong\frac{\partial u_1}{\partial x_2} \tag{2.23b}$$

この2つの傾きの平均値

$$\frac{1}{2}(\tan\alpha+\tan\beta)=\frac{1}{2}\left(\frac{\partial u_2}{\partial x_1}+\frac{\partial u_1}{\partial x_2}\right)\equiv\varepsilon_{12}=\varepsilon_{21} \tag{2.24}$$

をひずみの**せん断ひずみ成分**とよぶ．つまり，変位は固体中の各点が変形に伴ってどの方向にどれだけ移動するのかを表すのに対して，ひずみは微小線分の変形に伴う相対変化を表している．すなわち，垂直ひずみは微小線分の長さの相対変化を表すのに対して，せん断ひずみは直交する微小線分の角度変化を表している．**ひずみ**はまとめて表すと

$$\varepsilon_{ij}=\frac{1}{2}\left(\frac{\partial u_i}{\partial x_j}+\frac{\partial u_j}{\partial x_i}\right),\quad i,j=1,2 \tag{2.25}$$

のように書ける*[11]．この定義から明らかなようにひずみの単位は(m /m)，つまり無次元となる．なお，ひずみも応力と同じようにテンソル量である．ひずみは，3次元問題に一般化すると次のように書ける*[12]．

---

*10　これを微小変形の仮定とよぶ．2.2.4項で述べるように通常の金属材料の弾性変形の範囲ではこの値は0.001程度であり，この仮定が十分に成り立つ．一方，この値が1と比べて十分に小さいとはいえない場合は大変形とよばれる．その場合の議論は，工学教程『材料力学II』7章と工学教程『材料力学III』3章で扱う．

*11　建築分野では，変形量(伸び，ずれ)を**ひずみ**(単位m)，単位長さあたりのひずみを**ひずみ度**(単位は無次元)とよぶこともある．

*12　この定義からわかるように，3つの変位成分によって6つのひずみ成分が定義されており，ひずみの各成分は独立ではない．式(2.26)から変位成分を消去して得られるひずみが満たすべき式は**適合条件**とよばれ，工学教程『材料力学II』3.3節で詳述する．

$$\varepsilon_{ij}=\frac{1}{2}\left(\frac{\partial u_i}{\partial x_j}+\frac{\partial u_j}{\partial x_i}\right),\quad i,j=1,2,3 \tag{2.26}$$

また，行列表記では次のように書ける．なお，3次元問題の一般的理論については，工学教程『材料力学Ⅱ』2章を参照のこと．

$$\varepsilon_{ij}=\begin{bmatrix}\varepsilon_{11} & \varepsilon_{12} & \varepsilon_{13}\\ \varepsilon_{21} & \varepsilon_{22} & \varepsilon_{23}\\ \varepsilon_{31} & \varepsilon_{32} & \varepsilon_{33}\end{bmatrix} \tag{2.27}$$

なお，$\gamma_{ij}\equiv 2\varepsilon_{ij}$，$i\neq j$ で定義される γ_{ij} は**工学せん断ひずみ**とよばれる．

2.2.4　細長く真っすぐな棒の引張り変形

これまで見てきたように，固体が変形するとその内部の各点には変位 u_i が生じ，応力 σ_{ij} およびひずみ ε_{ij} が発生する．ここでは次に，細長く真っすぐな棒の引張り変形(1次元的な変形)を例として，応力とひずみの関係について見てみよう．

図2.7(a)に示されるような長さ L_0(m)，断面積 $s_0=a_0b_0$(m^2)の細長く真っすぐな棒($L_0\gg a_0, b_0$)を，長手(x_1)方向に荷重 F(N)で引張る問題を考えよう．このような単純な系の場合には，内部に発生する応力 σ_{ij} およびひずみ ε_{ij} の分布

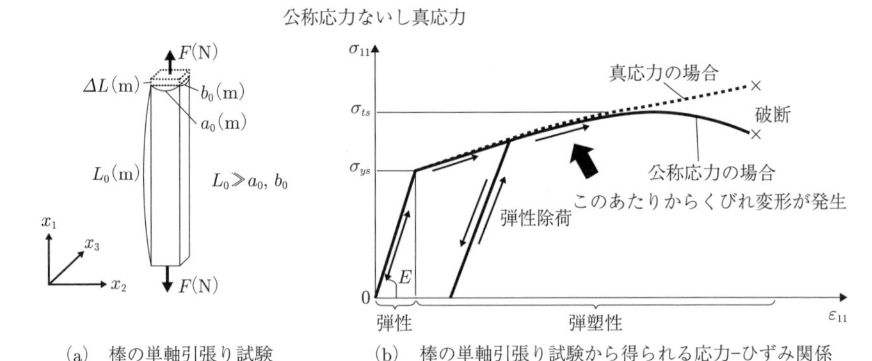

(a)　棒の単軸引張り試験　　(b)　棒の単軸引張り試験から得られる応力–ひずみ関係

図 2.7　棒の単軸引張り変形

は，棒の内部でほぼ一様となり，それぞれの物理的な意味を考えることにより，簡単に推定できる．

まず荷重 F が負荷される x_1 軸方向の垂直応力成分は，棒の断面が十分に小さいので荷重端から離れたところでは断面内は一様分布となることと，応力が単位面積あたりの力であることを考えれば $\sigma_{11}=F/s_0\,(\mathrm{N/m^2})$ と推定できる．また，x_2, x_3 軸方向には外部から付加される荷重がゼロであるので他の応力成分はすべてゼロとなる．一方，棒が伸びると断面は細くなるので，荷重 F が負荷される x_1 軸方向の伸びを $\Delta L\,(\mathrm{m})$，それと垂直方向の縮みを $\Delta a\,(\mathrm{m})$，$\Delta b\,(\mathrm{m})$ とすると，垂直ひずみ成分はそれぞれ $\varepsilon_{11}=\Delta L/L_0\ (\mathrm{m/m})$，$\varepsilon_{22}=-\Delta a/a_0\ (\mathrm{m/m})$，$\varepsilon_{33}=-\Delta b/b_0\,(\mathrm{m/m})$ と推定できる．また，この変形様式ではせん断ひずみ成分はすべてゼロとなる．なお，この単軸引張り状態において得られる引張り方向（x_1 方向）とそれに垂直方向（x_2 軸方向と x_3 軸方向）の垂直ひずみ成分の比は **Poisson（ポアソン）比**とよばれ，ν で表される．すなわち，各方向への特性が同じ等方性材料においては次式となる．

$$\nu\equiv-\frac{\varepsilon_{22}}{\varepsilon_{11}}=-\frac{\varepsilon_{33}}{\varepsilon_{11}} \tag{2.28}$$

この定義から明らかなように Poisson 比は無次元である．

以上の式を用いれば，直接簡単に計測可能な量 F や ΔL などから，応力やひずみを求めることができる．固体の典型例として，典型的な金属材料の σ_{11}-ε_{11} 関係を 2 次元グラフに模式的に図示すると，図 2.7(b) に示すような単軸引張りの応力-ひずみ関係となる．この関係は大きく次の 3 種類の変形過程に分類される[*13]．

a. 弾　性　変　形

応力がある限界値 σ_{ys}（**降伏応力**とよばれる）より小さい範囲では，応力とひずみは比例関係（数学的にいえば線形関係）にある．しかも応力が増加するとひずみが増加し，応力が減少するとひずみも減少するという可逆的な変形挙動を示す．

---

*13　弾塑性変形の詳細については，工学教程『材料力学 II』6 章および『材料力学 III』3 章を参照のこと．

このような変形挙動を**弾性変形**[*14]という．この弾性変形部分の直線の傾きを**縦弾性係数**あるいは**Young**(ヤング)**率**といいEで表す．その単位は応力と同じ(N/m^2)である．

b.　弾 塑 性 変 形

降伏応力σ_{ys}を越えてさらに変形が進むと，固体は急に変形しやすくなり，わずかの応力増加でひずみが大きく増える．この状態に至った後に応力が減少すると，もと来た履歴をたどらずに，図2.7(b)に示すように弾性変形と同じ傾きでひずみが減少する[*15]．この過程を**弾性除荷**とよぶ．このまま応力ゼロまで戻すとひずみはゼロとはならず，永久変形が残る．このときのひずみを**永久ひずみ**あるいは**残留ひずみ**とよぶ．このような除荷しても永久ひずみが残るような状態を塑性変形とよぶ．この状態の応力-ひずみ曲線を**塑性曲線**とよぶ．金属の棒やスプーンなどを曲げ過ぎてしまって形が元に戻らなくなってしまった経験は誰にでもあるだろう．また，自動車のボディーをどこかにぶつけて，凹みが残ってしまうのも同じ現象である．弾性除荷の途上で応力を再度増加させると，その直線に沿ってひずみが増加し，元の塑性曲線にたどりつくと，そこから塑性曲線に沿ってひずみが増加する．

c.　最大応力到達以降

最大応力σ_{ts}(**引張強さ**とよばれる)に到達すると，そこから少し応力が減少したところで破断が生じる．このとき最大応力に到達する直前から棒には局所的にくびれが生じ，実断面積$s(=ab)$が顕著に減少する．このために，初期の断面積s_0をもとに評価したみかけ上の応力$(=F/s_0)$(**公称応力**とよばれる)が減少するのである．ここでもし外荷重をその時々の実断面積で割った応力F/sを図示すると，図2.7(b)に点線で示したように応力は最後まで増加を続けて破断に至る．この応力F/sを**真応力**とよぶ．このように本来は真応力を用いるべきであるが，単軸引張試験では公称応力のほうが計測が簡単であることと，最大応力に到達するまでは両者にほとんど差がないことから，実用上は評価が簡単である公称応力

---

*14　厳密には，**線形弾性変形**という．さらにどの方向にも等方的に変形する場合，等方性線形弾性変形という．

*15　応力とひずみの関係が非線形であっても，除荷すると，変形履歴を逆戻りし，元のひずみゼロの状態に戻るゴムのようなものもある．それを**非線形弾性変形**とよぶ．

がしばしば用いられる．

また，ひずみも初期の長さ L_0 で伸び ΔL を割った $\varepsilon_{11}=\Delta L/L_0$ (m /m) は**公称ひずみ**とよばれる．変形途上におけるその時々の長さ L でその時々の伸び量 ΔL を除したものを積分すると，

$$e_{11}=\int_{L_0}^{L}\frac{\mathrm{d}L}{L}=\ln\left(\frac{L}{L_0}\right)=\ln\left(1+\frac{\Delta L}{L}\right) \tag{2.29}$$

となり，これは**真ひずみ**(または**対数ひずみ**)とよばれる．公称ひずみと真ひずみも変形が微小なうちは両者にほとんど差がない．

2.2.5　一般の応力-ひずみ関係

2.2.4 項では単軸の引張荷重を受ける細長く真っすぐな棒に発生する応力-ひずみ関係について述べた．次に一般の 3 次元物体中に発生する応力 σ_{ij} とひずみ ε_{ij} との関係について見てみよう．σ_{ij} と ε_{ij} の関係は 2.2.4 項 a で述べた等方性弾性変形の場合，次のような行列形式で表される．

$$\begin{Bmatrix}\sigma_{11}\\\sigma_{22}\\\sigma_{33}\\\sigma_{12}\\\sigma_{23}\\\sigma_{31}\end{Bmatrix}=\frac{E}{(1+\nu)(1-2\nu)}\begin{bmatrix}1-\nu & \nu & \nu & 0 & 0 & 0\\ \nu & 1-\nu & \nu & 0 & 0 & 0\\ \nu & \nu & 1-\nu & 0 & 0 & 0\\ 0 & 0 & 0 & 1-2\nu & 0 & 0\\ 0 & 0 & 0 & 0 & 1-2\nu & 0\\ 0 & 0 & 0 & 0 & 0 & 1-2\nu\end{bmatrix}\begin{Bmatrix}\varepsilon_{11}\\\varepsilon_{22}\\\varepsilon_{33}\\\varepsilon_{12}\\\varepsilon_{23}\\\varepsilon_{31}\end{Bmatrix} \tag{2.30a}$$

$$\sigma_{ij}=\lambda\delta_{ij}(\varepsilon_{11}+\varepsilon_{22}+\varepsilon_{33})+2\mu\varepsilon_{ij},\quad i,j=1,2,3 \tag{2.30b}$$

ただし，

$$\lambda=\frac{\nu E}{(1+\nu)(1-2\nu)},\quad \mu=\frac{E}{2(1+\nu)} \tag{2.31}$$

この式は **Hooke**(フック)**の法則**とよばれる[*16]．ここで，E は先に述べたように Young 率とよばれ，ν は Poisson 比とよばれる．また，λ と μ は **Lamé**(ラーメ)**の定数**とよばれる．次式で定義される G は**横弾性係数**または**せん断弾性係数**と

*16　3 次元の一般的な構成式については工学教程『材料力学 II』3 章を参照のこと．

よばれる.

$$G=\frac{E}{2(1+\nu)} \tag{2.32}$$

δ_{ij} は **Kronecker**(クロネッカー)**のデルタ記号**であり，次式で定義される.

$$\delta_{ij}=\begin{cases}1 & (i=j)\\ 0 & (i\neq j)\end{cases} \tag{2.33}$$

式(2.30a)は，逆に解いて，次式のようにも表される.

$$\begin{Bmatrix}\varepsilon_{11}\\ \varepsilon_{22}\\ \varepsilon_{33}\\ \varepsilon_{12}\\ \varepsilon_{23}\\ \varepsilon_{31}\end{Bmatrix}=\frac{1}{E}\begin{bmatrix}1 & -\nu & -\nu & 0 & 0 & 0\\ -\nu & 1 & -\nu & 0 & 0 & 0\\ -\nu & -\nu & 1 & 0 & 0 & 0\\ 0 & 0 & 0 & 1+\nu & 0 & 0\\ 0 & 0 & 0 & 0 & 1+\nu & 0\\ 0 & 0 & 0 & 0 & 0 & 1+\nu\end{bmatrix}\begin{Bmatrix}\sigma_{11}\\ \sigma_{22}\\ \sigma_{33}\\ \sigma_{12}\\ \sigma_{23}\\ \sigma_{31}\end{Bmatrix} \tag{2.34a}$$

$$\varepsilon_{ij}=\frac{1+\nu}{E}\sigma_{ij}-\frac{\nu}{E}(\sigma_{11}+\sigma_{22}+\sigma_{33})\delta_{ij},\quad i,j=1,2,3 \tag{2.34b}$$

式(2.30)あるいは式(2.34)のような応力-ひずみ関係を表す式を一般に**固体の構成式**あるいは**構成方程式**とよぶ．この式から明らかなように，弾性変形の構成式は線形関係である．一般的に，材料の差異であるとか温度の影響であるとか，材料の非線形挙動であるとかの固体の変形現象のさまざまな特徴はすべて構成式に集約される．本節では，最も基本的な変形モードである弾性変形についての記述に留め，弾塑性状態の応力-ひずみ関係については，工学教程『材料力学 II』6章および『材料力学 III』2章で改めて述べる.

2.2.6　平面的な広がりを有する固体の変形

固体は一般にどのようなものでも，厳密には x_1-x_2-x_3 空間の3次元の広がりを有する連続体と考えることができるので，本来3次元体として取り扱うべきである．しかし，2次元体として簡略化できる場合には，2次元体としてモデル化して扱うことも多い．その方法には次に述べる2種類の方法がある.

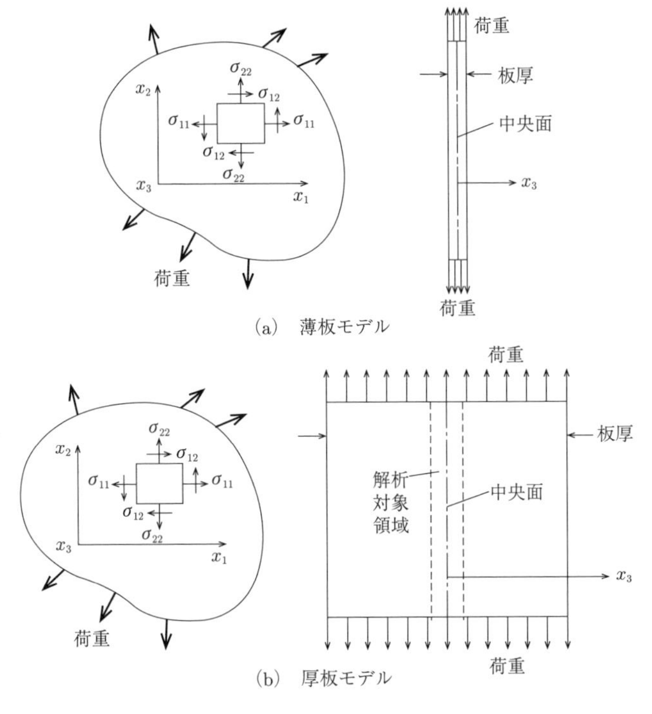

図 2.8 2次元モデル化

a. 平面応力状態

平面応力状態とは，図2.8(a)に示すような薄い板を想定し，その x_1-x_2 面内方向に荷重が負荷されるような状態のことをいう．この場合，変形も x_1-x_2 面内方向に生じる．平面応力状態では板厚方向(x_3 軸方向)には外荷重が作用していないので，固体の至るところで応力の x_3 軸方向に関する成分はすべてゼロ，すなわち

$$\sigma_{33}=\sigma_{31}=\sigma_{32}=0 \tag{2.35}$$

となる．しかも板厚が十分に薄いことから，面内の応力成分 $\sigma_{11}, \sigma_{22}, \sigma_{12}$ は x_3 方向には分布がなく x_1 と x_2 のみの関数となる．一方，ひずみ成分は式(2.34a)の Hooke の法則に式(2.35)を代入することにより，行列形式で

$$\begin{Bmatrix} \varepsilon_{11} \\ \varepsilon_{22} \\ \varepsilon_{12} \end{Bmatrix} = \frac{1}{E} \begin{bmatrix} 1 & -\nu & 0 \\ -\nu & 1 & 0 \\ 0 & 0 & 1+\nu \end{bmatrix} \begin{Bmatrix} \sigma_{11} \\ \sigma_{22} \\ \sigma_{12} \end{Bmatrix}$$

$$\varepsilon_{33} = -\frac{\nu}{E}(\sigma_{11}+\sigma_{22}) \tag{2.36}$$

$$\varepsilon_{23} = \varepsilon_{31} = 0$$

と求められる．また，式(2.36)から逆に応力成分 $\sigma_{11}, \sigma_{22}, \sigma_{12}$ は

$$\begin{Bmatrix} \sigma_{11} \\ \sigma_{22} \\ \sigma_{12} \end{Bmatrix} = \frac{E}{1-\nu^2} \begin{bmatrix} 1 & \nu & 0 \\ \nu & 1 & 0 \\ 0 & 0 & \dfrac{1-\nu}{2} \end{bmatrix} \begin{Bmatrix} \varepsilon_{11} \\ \varepsilon_{22} \\ 2\varepsilon_{12} \end{Bmatrix} \tag{2.37}$$

と求められる．これが平面応力状態における 2 次元の応力-ひずみ関係式である．このように，平面応力状態では基本的に x_1-x_2 面内の応力成分，ひずみ成分を考えればよいことになるが，x_3 方向の垂直ひずみ ε_{33} が 0 とはならないことに注意を要する．

b.　平面ひずみ状態

図 2.8(a)の例とは逆に，図 2.8(b)に示すように板厚が非常に厚くなると，板厚中央部では両サイドの変形しない領域によって板厚方向(x_3 軸方向)の変形に対する拘束が強くなる．このため，内部では変位の x_3 方向成分 u_3 が 0 で，変位 u_1, u_2 が x_1 と x_2 のみの関数となり，

$$\frac{\partial u_1}{\partial x_3} = \frac{\partial u_2}{\partial x_3} = u_3 = 0 \tag{2.38}$$

となる．このような状態を平面ひずみ状態とよぶ．この場合，式(2.38)を式(2.26)に代入すると

$$\varepsilon_{33} = \varepsilon_{31} = \varepsilon_{32} = 0 \tag{2.39}$$

となる．これを式(2.30a)に代入することにより，

$$\begin{Bmatrix} \sigma_{11} \\ \sigma_{22} \\ \sigma_{12} \end{Bmatrix} = \frac{E}{(1+\nu)(1-2\nu)} \begin{bmatrix} 1-\nu & \nu & 0 \\ \nu & 1-\nu & 0 \\ 0 & 0 & \dfrac{1-2\nu}{2} \end{bmatrix} \begin{Bmatrix} \varepsilon_{11} \\ \varepsilon_{22} \\ 2\varepsilon_{12} \end{Bmatrix} \tag{2.40}$$

$$\sigma_{33} = \nu(\sigma_{11} + \sigma_{22})$$

$$\sigma_{23} = \sigma_{31} = 0$$

という平面ひずみ状態の応力-ひずみ関係式が得られる．平面ひずみ状態の場合には，x_3 軸方向の垂直応力 σ_{33} が 0 とはならないことに注意を要する．

式(2.37)と式(2.40)を比べればわかるように，同じ 2 次元平面モデルとはいっても，平面応力状態であるか平面ひずみ状態であるかによって応力-ひずみ関係が異なる．したがって，現象の本質をよく把握した上で，適切な 2 次元平面モデルを採用することが必要である，

なお，式(2.30a)，式(2.34a)，式(2.37)，式(2.40)を見ると明らかなように，等方性弾性体の場合，垂直応力と垂直ひずみの関係とせん断応力とせん断ひずみの関係は分離されている．応力の定義とひずみの定義に立ち戻ると，微小長方形に作用する応力と変形の関係は図 2.9(a)に示すように模式的に表すことができ，しかもそれは図 2.9(b)に示すように各成分の重ね合わせによって表すことができる[*17]．

2.2.7 境 界 条 件

2.2.2～2.2.6 項では，変形する固体中に生じる力学量やそれらが従う基本法則について述べてきた．これらの変形が生じる固体の周囲にはある種の制約が与えられており，それらは一般に**境界条件**とよばれる．固体の変形現象に関する境界条件には，図 2.10 に示されるように，荷重を規定する条件(**力学的境界条件**)と変位を規定する条件(**変位境界条件**)の 2 種類のものがある．

力学的境界条件は 2.2.2 項の式(2.18)のところで説明したように，物体表面の境界の一部 Γ_σ 上に表面分布力ベクトル(外力) $\overline{T_i}$ $(i=1,2)$ が作用しているとき，

＊17　垂直応力によって生じる変形は体積変化を伴うが，せん断応力によって生じる変形は体積変化を伴わない．

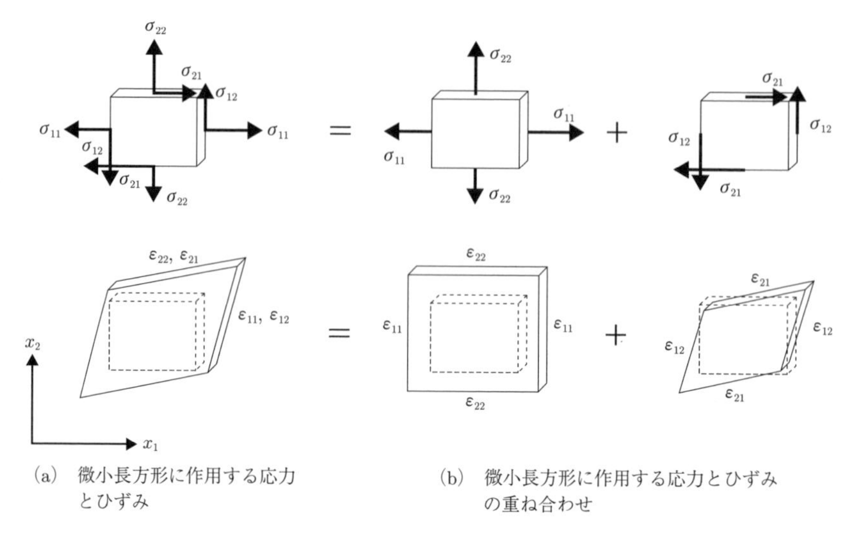

(a)　微小長方形に作用する応力とひずみ

(b)　微小長方形に作用する応力とひずみの重ね合わせ

図 2.9　微小長方形に作用する応力とひずみの対応関係

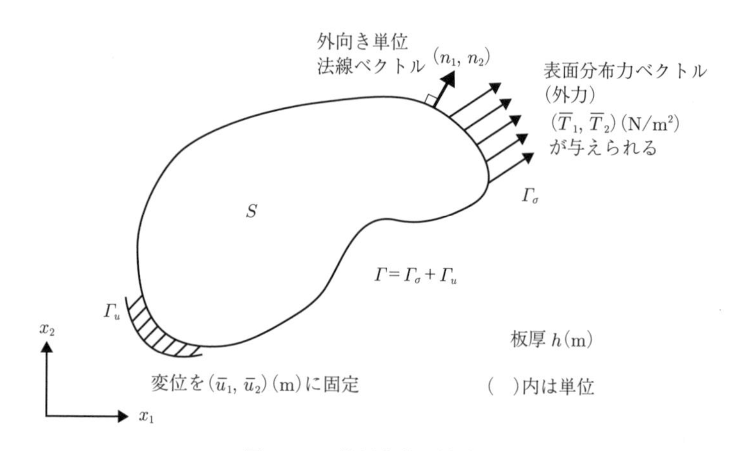

図 2.10　境界条件の模式図

その面に立てた外向き単位法線ベクトルを $\boldsymbol{n}=(n_1, n_2)$ とおくと

$$\sum_{j=1}^{2}\sigma_{ij}n_i=\overline{T_i},\quad i=1,2,\quad \Gamma_\sigma \text{ 上において} \tag{2.41}$$

と書かれる．

一方，変位境界条件は，境界面の一部 Γ_u において変位がある特定の値 $\overline{u_i}$ $(i=1,2)$ に固定されているとすると，

$$u_i=\overline{u_i},\quad i=1,2\quad \Gamma_u \text{ 上において} \tag{2.42}$$

と書かれる．

現実には，固体の周囲には，荷重も変位も規定されない境界が存在し得る．そのようなところでは荷重ゼロ，すなわち $\overline{T_i}=0$ の場合であるとみなすと，式(2.41)の力学的境界条件の一部として取り扱うことができる．したがって，固体の全表面 Γ は力学的境界条件が与えられる境界 Γ_σ と変位境界条件が与えられる境界 Γ_u のみによって埋め尽くすことができ，形式的に

$$\Gamma=\Gamma_\sigma+\Gamma_u \tag{2.43}$$

と書ける．

2.2.8 ひずみエネルギー密度とひずみエネルギー

2.2.1 項で述べたように，ばね-質点系に荷重が作用しばねが伸びたり縮んだりするとその過程で系になされた仕事はばねのエネルギーとして蓄えられる．そのエネルギーは図 2.1(b)および式(2.3)に示すような荷重-伸び関係を積分することにより求められた．固体の変形においても同様の考え方に基づいて変形の過程で固体に蓄えられるエネルギーを定義することができる．ただし，この場合は応力-ひずみ関係をもとに考えることになる．

まず，図 2.7 に示した等方性弾性体の細長く真っすぐな棒を一方向に引張る問題から考えてみよう．この場合，2.2.4 項で述べたように，内部に生じる応力成分は σ_{11} のみであり，ひずみは $\varepsilon_{11}, \varepsilon_{22}, \varepsilon_{33}$ である．この場合の σ_{11}-ε_{11} 関係は図 2.7(b)に示すようになる．式(2.3)とのアナロジーにより，この σ_{11}-ε_{11} 関係を次式のように積分することにより，変形によって固体中に蓄えられるエネルギー量を定

義できる.

$$U_0=\int_0^{\varepsilon_{11}}\sigma_{11}\,\mathrm{d}\varepsilon_{11} \tag{2.44}$$

ここで U_0 の単位を調べてみると，応力の単位が $\mathrm{N/m^2}(=\mathrm{Pa})$，ひずみの単位が m /m であるので，上式で定義される U_0 という量の単位は $(\mathrm{N/m^2})\times(\mathrm{m/m})=\mathrm{Nm/m^3}$ となる．つまり U_0 は変形によって固体内の単位体積あたりに蓄えられるエネルギーを表しており，**ひずみエネルギー密度**とよばれる.

次に，2 次元平面問題の変形を考えてみよう．この場合は図 2.9 に示したように応力とひずみの各成分がそれぞれに対応するものとみなすと，ひずみエネルギー密度 U_0 は次式のように成分ごとに評価した上で足し合わせればよいことがわかる.

$$U_0=\int_0^{\varepsilon_{11}}\sigma_{11}\,\mathrm{d}\varepsilon_{11}+\int_0^{\varepsilon_{12}}\sigma_{12}\,\mathrm{d}\varepsilon_{12}+\int_0^{\varepsilon_{21}}\sigma_{21}\,\mathrm{d}\varepsilon_{21}+\int_0^{\varepsilon_{22}}\sigma_{22}\,\mathrm{d}\varepsilon_{22}\equiv\sum_{i=1}^{2}\sum_{j=1}^{2}\int_0^{\varepsilon_{ij}}\sigma_{ij}\,\mathrm{d}\varepsilon_{ij} \tag{2.45}$$

U_0 は一般には固体中の場所によって変化するので，U_0 を全領域 S(板厚 h(m))に対して積分することにより得られる

$$U\equiv h\int_S U_0\,\mathrm{d}s \tag{2.46}$$

という量は**ひずみエネルギー**とよばれる.

2.2.9　ま　と　め

本章の最後に，図 2.11 に示すような 2 次元平面問題を対象として，基礎式をまとめる.

力の釣合い式(平衡方程式)

$$\sum_{j=1}^{2}\frac{\partial\sigma_{ij}}{\partial x_j}+\overline{F_i}-\rho\frac{\mathrm{d}^2u_i}{\mathrm{d}t^2}=0,\quad i=1,2\quad S\text{ 内において} \tag{2.47a}$$

応力-ひずみ関係式(構成式)

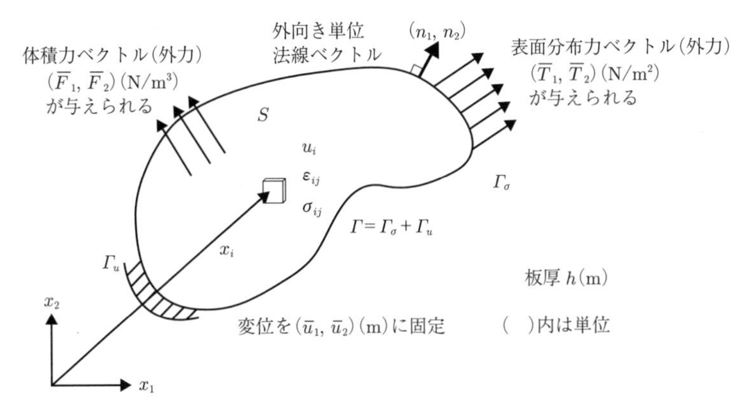

図 2.11　2次元平面問題の一般的な力学状態

$$\begin{Bmatrix} \sigma_{11} \\ \sigma_{22} \\ \sigma_{12} \end{Bmatrix} = \begin{bmatrix} D_{11} & D_{12} & D_{13} \\ D_{21} & D_{22} & D_{23} \\ D_{31} & D_{32} & D_{33} \end{bmatrix} \begin{Bmatrix} \varepsilon_{11} \\ \varepsilon_{22} \\ 2\varepsilon_{12} \end{Bmatrix} = [D] \begin{Bmatrix} \varepsilon_{11} \\ \varepsilon_{22} \\ 2\varepsilon_{12} \end{Bmatrix}, \quad S \text{内において} \tag{2.47b}$$

上式における$[D]$マトリックスの各成分D_{ij}は，平面応力状態の場合には式(2.37)で与えられ，平面ひずみ状態の場合には式(2.40)で与えられる．

ひずみ-変位関係式(ひずみの定義式)

$$\varepsilon_{ij} = \frac{1}{2}\left(\frac{\partial u_i}{\partial x_j} + \frac{\partial u_j}{\partial x_i}\right), \quad i, j = 1, 2 \quad S \text{内において} \tag{2.47c}$$

力学的境界条件

$$\sum_{j=1}^{2} \sigma_{ij} n_j = \overline{T}_i, \quad i = 1, 2 \quad \Gamma_\sigma \text{上において} \tag{2.47d}$$

変位境界条件

$$u_i = \overline{u}_i, \quad i = 1, 2 \quad \Gamma_u \text{上において} \tag{2.47e}$$

式(2.47a)～(2.47c)には，σ_{ij}およびε_{ij}の対称性を考慮すると8個の独立した式がある．一方，そこに含まれる未知関数はσ_{ij}が3成分，ε_{ij}が3成分，u_iが2成分の合計 8 個である．このため，上式は 2 次元の固体の弾性変形を一意に規定するために必要十分な式となっていることがわかる．たとえば，式(2.47c)を式(2.47b)に代入し，その結果を式(2.47a)に代入して，$\varepsilon_{ij}, \sigma_{ij}$ を消去すると，変位ベクトル u_i を唯一の未知関数とする 2 階の偏微分方程式が得られる．したがって，原理的にはそれを式(2.47d)，(2.47e)の境界条件のもとに解くことが可能である．この課題については，第 6 章で改めて述べることにする．

2.3　変形を表す力学量と材料強度の基本的な関係

2.2.4 項で述べた細長く真っすぐな棒の変形をもう一度見てみよう．変形が小さい範囲では力を負荷することを止めると変形は完全にゼロとなり，これを弾性状態とよぶことを述べた．一方，降伏応力 σ_{ys} を超えて荷重が負荷されると，荷重がゼロになっても変形はゼロには戻らず，塑性変形が残ってしまう．機械や構造物を使うという観点からすると，機械や構造物中に応力が生じたときに，その応力が降伏応力を超えるかどうかは決定的に異なる意味をもつ．構造物に力をかけてもよいが，塑性変形が残る，すなわち降伏応力を超えるような状態にしてはいけない．言い換えれば，構造物が変形してもその変形は弾性変形の範囲に留まることが求められるのである*18．これを式で表現すると次のようになる．

$$\sigma < \sigma_{ys} \tag{2.48}$$

この式において，左辺は機械や構造物中に生じる力学状態を表し，右辺は弾性変形に留まるための限界値を与えている．このような限界量を**材料強度**とよぶ．なお，固体には，ここに述べた以外にもさまざまな破損・破壊モードがあり，モードごとにメカニズムと破損・破壊を支配する力学量が異なる．それぞれに，

破損・破壊を支配する力学量＜その力学量の限界値(強度)　　(2.49)

という関係で書くことができる．したがって，対象とする破損・破壊モードを特定し，そのモードの破損あるいは破壊メカニズムを明らかにした上で，破損・破壊を支配する力学量を同定し，その力学量の限界値(材料強度)をきちんと確認することが重要である．強度設計に関する詳細は，工学教程『材料力学 I』7 章および『材料力学 II』10 章で述べる．

---

*18　塑性変形を許容する設計もある．

3　構造の基本要素と変形

第 2 章では連続体力学的観点から固体の力学の基本量と基礎式について述べた．実は細長く真っすぐな棒や，薄い円筒や球殻などは，内部の力学状態が比較的単純になるため，そのような構造の基本要素については，適切な仮定のもとにさまざまな力学特性式が導出されている．本章では，いくつかの代表的な構造の基本要素の力学特性について説明する．

3.1　引張りまたは圧縮の軸力を受ける細長く真っすぐな棒

2.2.4 項で述べたように，図 2.7 に示した細長く真っすぐな棒が，引張りあるいは圧縮の軸力(長手方向に作用する力)を受ける場合，長手方向(x_1 方向)に生じる垂直応力 σ_{11} のみ非ゼロであり，それ以外の応力成分はゼロとなる．また，ひずみについては垂直ひずみ ε_{11}，ε_{22}，ε_{33} が非ゼロであり，それらの間には式(2.28)の関係がある．これらの条件を式(2.30a)に代入すると，垂直応力 σ_{11} と垂直ひずみ ε_{11} の間には，以下の比例関係があることがわかる．

$$\sigma_{11}=E\varepsilon_{11} \tag{3.1}$$

この比例係数 E は Young 率とよばれる．また，式(2.28)を再掲すると，長手方向の垂直ひずみ ε_{11} と，それと直交する方向の垂直ひずみ ε_{22} あるいは ε_{33} の間には次の比例関係がある．

$$\varepsilon_{22}=\varepsilon_{33}=-\nu\varepsilon_{11} \tag{3.2}$$

ν は Poisson 比とよばれる．たとえば，代表的な金属材料である鉄鋼材料では $E\sim2.0\times10^{11}$ Pa(＝N/m^2)であり，$\nu\sim0.3$ である．

3.2　はりの曲げ

次に細長く真っすぐな棒に，長手方向(軸線方向)と垂直方向に外力が加えられ，棒が曲げられる場合を考える．このような構造部材を**はり**とよぶ．はりはそ

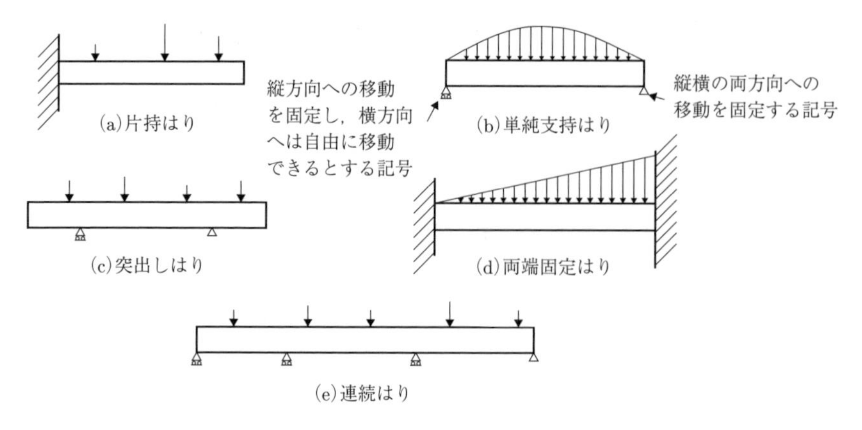

図 3.1　さまざまなはりの名称

の支え方によって，図 3.1 に示すような種々の名称でよばれる．片持はりや単純支持はりでは，支えがはりに及ぼす力とモーメント[*1]，すなわち反力と反力モーメントを，はりに加わる力の釣合いや，はりに加わる力の任意の点の周りでのモーメントの釣合いのような静力学的な釣合い条件だけから求めることができる．このようなはりを**静定はり**という．一方，支持部が固定された固定はりや支点が 3 つ以上ある連続はりなどでは，反力を静力学的な釣合い条件だけから求めることができない．このようなはりを**不静定はり**という．

はりに作用する荷重には，図 3.1(a)，(c)，(e)のように，点に作用する**集中荷重**と，同図(b)，(d)のように，はりの長さ方向に分布して作用する**分布荷重**とがある．分布荷重にははりの単位長さあたりの力の単位 N/m が用いられる．

3.2.1　はりに作用するせん断力と曲げモーメント

図 3.2(a)のように，両端を単純支持され水平に置かれたはりに，鉛直下向き方向に荷重が作用して，少したわんだ状態で釣り合っていることを考えよう．このとき，同図の点 C で仮想的にはりを左右の部分に切断することを考える．切断

*1　ある点または軸の周りに回転運動を引き起こす能力のこと．モーメントの作用によってはりが曲がる．

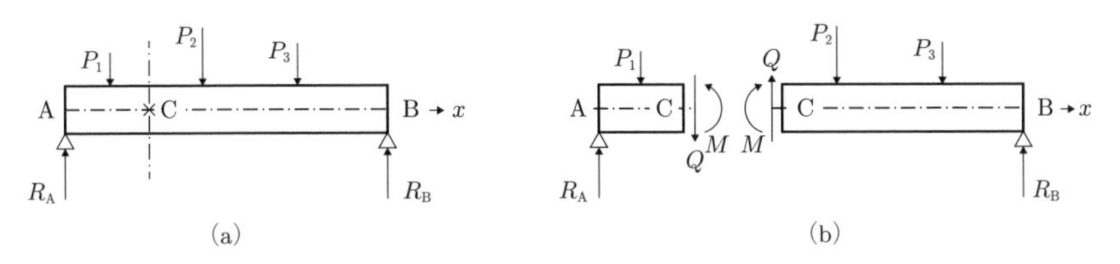

図 3.2 水平に置かれたはりに生じるせん断力 Q と曲げモーメント M

した後も，切り離す前と同じ変形状態に保とうとすれば，同図(b)のように，断面内に力 Q とモーメント M を作用させて，左右のそれぞれの切り離した部分を釣り合わさなければならない．このような断面に平行に作用する力 Q を**せん断力**とよび，モーメント M を**曲げモーメント**とよぶ．

点 C に作用するせん断力 Q は点 C より左側，または右側にあるはりに作用している外力と反力の釣合いから求めることができる．このとき，点 C より左側の部分の力の釣合いを求める場合は，図 3.3(a)のように，上向きの力を正，同図(b)のように下向きの力を負とする．一方，点 C より右側の部分の力の釣合いを求める場合には，図 3.3(b)のように上向きの力を負とする．図 3.3 に示すせん断力を求める場合に，外力や反力に与える正負の符号は，次のように記憶するとよい．すなわち，図 3.3(a)中の 2 つの力のベクトルを仮に偶力と想定すると，その回転作用は時計回り方向であり，同図(b)で同様に考えると回転作用は反時計回り方向である．この時計回り方向の回転作用を生むせん断力の方向を正，反時計回り方向の回転作用を生むせん断力の方向を負とする．

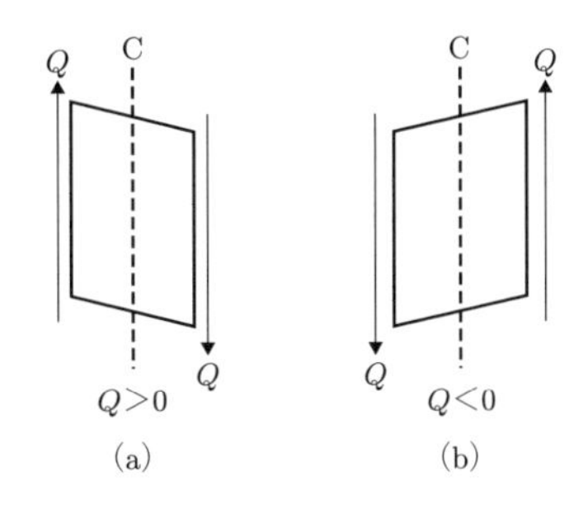

図 3.3 せん断力の符号

次に，図 3.2 のはりの点 C に作用する曲げモーメント M は，点 C より左側または右側にあるはりの外力と反力の点 C 周りのモーメントの釣合いから求めることができる．この場合，モーメントの正負については，図 3.4(a)のように，はりを上に曲げる(下に凸に曲げる)モーメントを正，はりを下に曲げる(上に凸に曲げる)モーメントを負とする．

以上のようなルールに基づき，はりの長手方向の位置におけるせん断力および曲げモーメントをその位置の直下にプロットして描いたグラフを，図 3.5(b)，(c)に示すように，それぞれはりの**せん断力図**および**曲げモーメント図**といい，

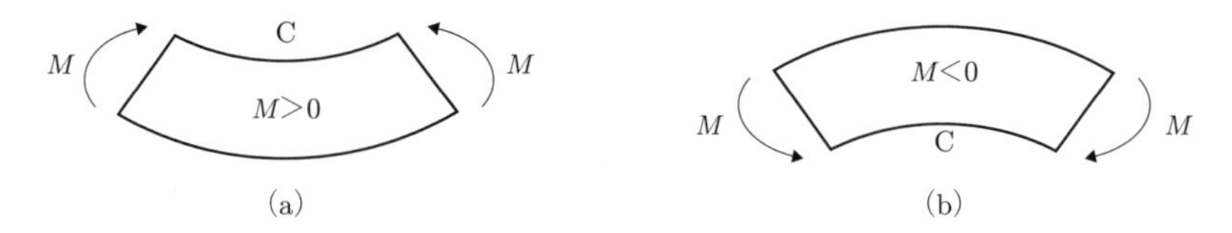

図 3.4　曲げモーメントの符号

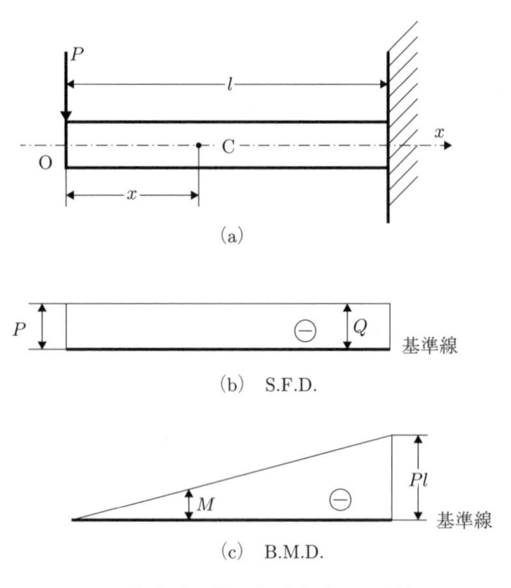

図 3.5　自由端に集中荷重を受ける片持はり

S.F.D.(shearing force diagram)，B.M.D.(bending moment diagram)と略記する．本書では，正の値を基準線の下に，負の値を基準線の上に示す．

せん断力の単位は(N)を用い，曲げモーメントの単位は(Nm)である．次に，いくつかの典型的なはりの例を示す．

a. 片持はり：自由端に集中荷重を受ける場合

図 3.5(a)のように，一端を固定された長さ l の片持はりの自由端に集中荷重 P (N)が作用する場合を考える．はりの任意の点 C の自由端からの距離を x とすると，自由端から点 C までの部位に作用する力とモーメントのそれぞれの釣合いから，せん断力 $Q(x)$ と曲げモーメント $M(x)$ はそれぞれ次のようになる．

$$Q(x) = -P \tag{3.3a}$$

$$M(x) = -Px \tag{3.3b}$$

よって，S.F.D. と B.M.D はそれぞれ図 3.5(b)，(c)のようになる．

b. 片持はり：全長にわたって等分布荷重を受ける場合

図 3.6(a)のように，片持はりの全長にわたって，単位長さあたり q(N/m)の等分布荷重を受ける場合，点 C に生じるせん断力 $Q(x)$ と曲げモーメント $M(x)$ は，自由端から点 C までの部位に作用する力とモーメントのそれぞれの釣合いを考えると，次のようになる．

$$Q(x) = -qx \tag{3.4a}$$

$$M(x) = -qx^2/2 \tag{3.4b}$$

よって，S.F.D. と B.M.D. はそれぞれ図 3.6(b)，(c)のようになる．

c. 単純支持はり：任意の点に集中荷重を受ける場合

次に，図 3.7(a)に示すように，任意の点 C に集中荷重 P(N)を受ける単純支持はりの場合を考える．左右の支点 A，B の反力をそれぞれ R_A と R_B とすると，まず鉛直方向の力の釣合いから，

$$R_A + R_B = P \tag{3.5}$$

となり，右支点 B の周りのモーメントの釣合いから

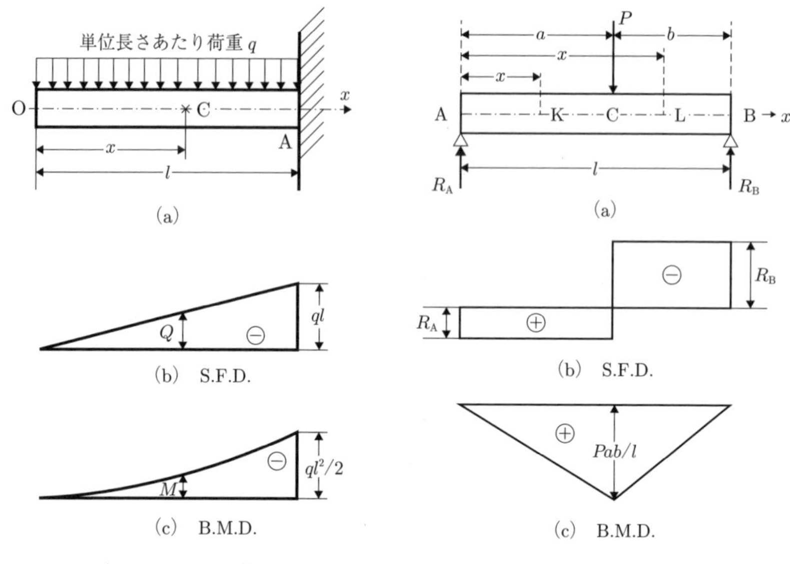

図 3.6　全長にわたって等分布荷重を受ける片持はり

図 3.7　任意の点に集中荷重を受ける両端支持はり

$$R_A l = Pb \tag{3.6}$$

となる．

式(3.5)と式(3.6)より

$$R_A = \frac{Pb}{l},\quad R_B = P - \frac{Pb}{l} = \frac{Pa}{l} \tag{3.7a, b}$$

が得られる．次に，AC 間の部位の力の釣合いから，AC 間の任意の点 K(座標 x)に生じるせん断力 $Q(x)$ は，

$$Q(x) = R_A = \frac{Pb}{l} \tag{3.8a}$$

となる．また，BC 間の部位の力の釣合いから，BC 間の任意の点 L(座標 x)に生じるせん断力 $Q(x)$ は，

$$Q(x)=-R_B=-\frac{Pa}{l} \tag{3.8b}$$

となる．一方，AC 間の任意の点 K(座標 x)に生じる曲げモーメント $M(x)$ は，AK 間の部位のモーメントの釣合いから，

$$M(x)=R_A x=\frac{Pb}{l}x \tag{3.9a}$$

となる．また，BC 間の任意の点 L(座標 x)に生じる曲げモーメント $M(x)$ は，LB 間の部位の曲げモーメントの釣合いから，

$$M(x)=R_B(l-x)=\frac{Pa}{l}(l-x) \tag{3.9b}$$

となる．以上より，最大曲げモーメント $M_{\max}$ は集中荷重の作用点 C で生じ

$$M_{\max}=\frac{Pab}{l} \tag{3.10}$$

となる．S.F.D と B.M.D. はそれぞれ図 3.7(b)，(c)のようになる．

d.　単純支持はり：全長にわたって等分布荷重を受ける場合

次に，図 3.8 に示すように，全長にわたって等分布荷重 q(N/m)を受ける単純支持はりの場合を考える．形状も支点も荷重の状態も左右対称であるので，左右の支点の反力は等しく，全荷重 ql(N)の半分ずつを両支点で支えている．すなわち，

$$R_A=R_B=\frac{ql}{2} \tag{3.11}$$

任意の点 C(座標 x)でのせん断力 $Q(x)$ は，たとえば AC 間の部位の力の釣合いから，

$$Q(x)=\frac{ql}{2}-qx \tag{3.12}$$

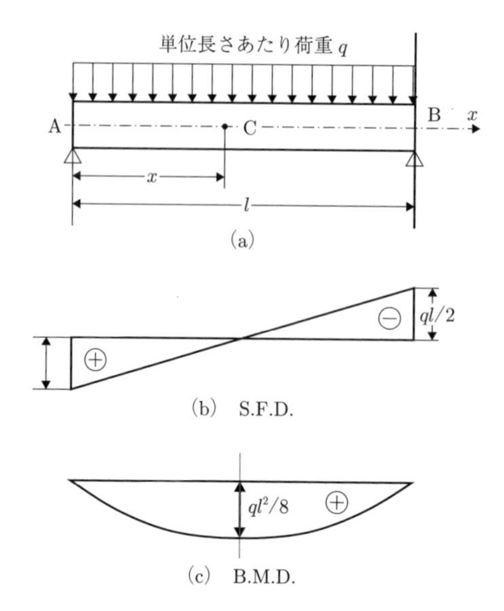

図 3.8　全長にわたって等分布荷重を受ける単純支持はり

となる．同じ点 C での曲げモーメント $M(x)$ は，AC 間の部位のモーメントの釣合いから，

$$M(x)=\frac{ql}{2}x-\frac{q}{2}x^2 \tag{3.13}$$

となる．曲げモーメント $M(x)$ の最大値 $M_{\max}$ は $x=l/2$ で生じ，その値は

$$M_{\max}=\frac{ql^2}{8} \tag{3.14}$$

となる．S.F.D. と B.M.D. は図 3.8(b)，(c)のようになる．

3.2.2　はりが曲げ変形する際に発生する応力

変形前におけるはりの一部を拡大したものを図 3.9(a)に示す．ここで，はりの内部の変形状態を詳しく観察するために，内部に微小長方形 rspq を考え，また，

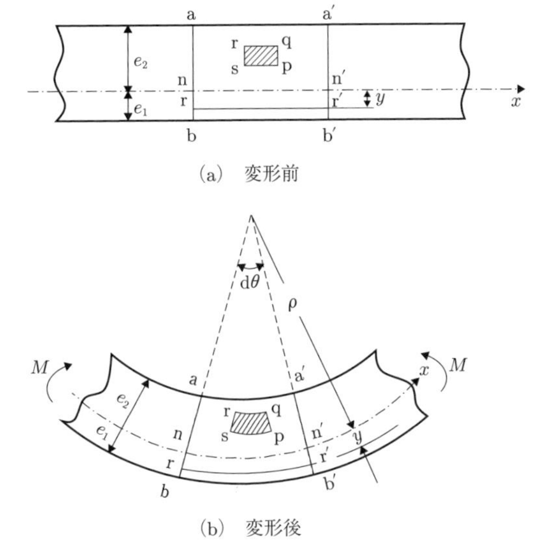

（a） 変形前

（b） 変形後

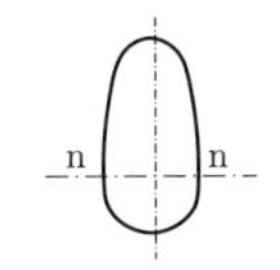

（c） ab または a′b′ 断面

図 3.9　曲げ変形するはり

はりの下部表面付近にやや細長い微小長方形 rbb′ r′ を考える．このはりに曲げモーメント M が作用し下に凸の曲げ変形するとする．その変形後の様子を図 3.9(b) に模式的に示す．このとき，はりの上部 aa′ は圧縮され，下部 bb′ は引張られる．その結果，その中間には伸びも縮みもしない層 nn′ が存在する．このような層を**中立面**とよぶ．中立面とはりの長手方向に直角な平断面との交線を**中立軸**という．図 3.9(c) に示すはりの断面中の直線 nn が中立軸である．

はりの曲げに関する最も基本的な理論では，次の仮定がなされる．

仮定 1(**平面保存の仮定**)：変形前のはりにおいて，長手方向に垂直であった平断面（図 3.9(a) 中の ab や a′ b′）は，変形後も平面のまま（図 3.9(b) の中の ab と a′ b′）である．

仮定 2(**直角保存の仮定**)：変形前のはりにおいて，長手方向に直角であった平断面（図 3.9(a) において ab⊥nn′，a′b′⊥nn′）は変形後も中立面に直角である．図 3.9(b) において ab⊥nn′，a′b′⊥nn′ である．

仮定 3(**層間間隔不変の仮定**)：変形前の中立面（図 3.9(a) の nn′）と任意の層（図

3.9(a)の rr′)の間隔(図 3.9(a)の nr，n′r′)は変形後も変わらない．図 3.9(a)の nr，n′r′ の長さは図 3.9(b)の nr，n′r′ の長さと同じである．

これらの仮定を **Bernouli-Euler**(ベルヌーイ・オイラー)**の仮定**という．この仮定のもとでは，はりのせん断変形を無視できることになり，図 3.9(a)に影をつけて示す長方形部分 rspq は，曲げ変形によって同図(b)に影をつけて示す形 rspq になるが，この 4 つの角はすべて直角を保つ．

図 3.9(b)のように中立面 nn′ から y の距離にある層 rr′ に生じる長手方向の垂直ひずみは，中立面 nn′ の曲率半径を ρ とすると，

$$\varepsilon=\frac{\mathrm{rr}'-\mathrm{nn}'}{\mathrm{nn}'}=\frac{(\rho+y)\mathrm{d}\theta-\rho\mathrm{d}\theta}{\rho\mathrm{d}\theta}=\frac{y}{\rho} \tag{3.15}$$

で与えられる．また同じ層 rr′ に生じる長手方向の垂直応力は，はりの材料の Young 率を E として

$$\sigma=E\frac{y}{\rho} \tag{3.16}$$

で与えられる．図 3.10 に上式で表されるはりに生じる垂直応力の断面方向分布を示す．

はりの長手方向(軸方向)に引張力や圧縮力という外力が作用していなければはりの断面に生じる上式で表される垂直応力 σ を，はりの断面 S 内で積分するとゼロとなるはずである．すなわち，

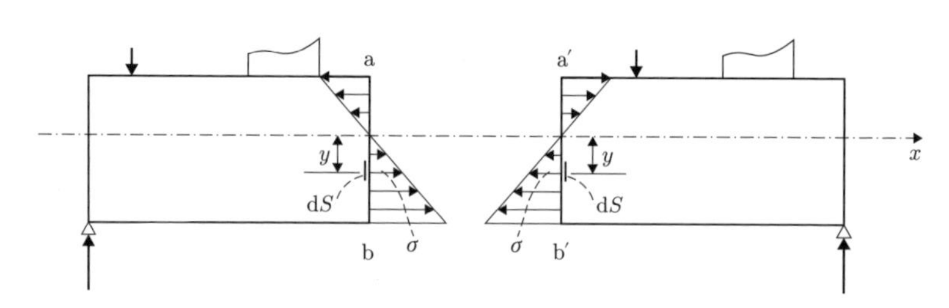

図 3.10　曲げ変形するはりの断面上に生じる応力

$$\int_S \sigma \, \mathrm{d}S = \frac{E}{\rho}\int_S y \, \mathrm{d}S = 0 \quad \rightarrow \quad \int_S y \, \mathrm{d}S = 0 \tag{3.17}$$

である．したがって，中立軸 $y=0$ ははりの各断面の図心(center of figure, C.F.)を通ることがわかる．

はりの断面での曲げモーメント M は次のように求められる．

$$M = \int_S E\frac{y}{\rho} y \, \mathrm{d}S = \frac{E}{\rho}\int_S y^2 \, \mathrm{d}S = \frac{EI}{\rho} \tag{3.18}$$

ここで I は，はりの**断面 2 次モーメント**とよばれる量であり，図 3.10 のはり断面 ab または a′b′ 上での面積分

$$I = \int_S y^2 \, \mathrm{d}S \tag{3.19}$$

によって与えられ，断面の幾何学的形状によって決まる一定量である．式(3.18)より，曲げモーメント M とその位置での中立面の曲率 $1/\rho$ は比例することがわかる．

式(3.16)と式(3.18)より，はりの断面に生じる軸方向応力 σ(**曲げ応力**とよぶ)の式

$$\sigma = \frac{My}{I} \tag{3.20}$$

が得られる．曲げ応力は中立面で 0，断面内で線形に分布する．この式は，曲げモーメント M と曲げ応力 σ を結びつける重要な関係式である．

軸方向応力の絶対値の最大は，はりの上下面のところで生じる．したがって，図 3.9(b)の場合では次のようになる．

$$\begin{aligned} &\text{最大引張応力}:(\sigma_t)_{\max} = \frac{Me_1}{I} \\ &\text{最大圧縮応力}:|\sigma_c|_{\max} = \frac{Me_2}{I} \end{aligned} \tag{3.21}$$

この式は次のようにも書き換えられる．

$$(\sigma_t)_{\max}=\frac{M}{Z_1},\quad |\sigma_c|_{\max}=\frac{M}{Z_2} \tag{3.22}$$

ただし，

$$Z_1=\frac{I}{e_1},\quad Z_2=\frac{I}{e_2} \tag{3.23}$$

Z_1，Z_2 をはりの断面係数とよぶ．

式(3.19)，式(3.23)より断面２次モーメント I は長さの４乗の次元をもち，単位は m^4 となり，断面係数 Z は長さの３乗の次元をもち，単位は m^3 となることがわかる．

3.2.3　はりの断面２次モーメント

前項で述べたように，はりに軸方向荷重が負荷されていない場合には，はり断面の中立軸は断面の図心を通過し，この中立軸周りの断面２次モーメント I は式(3.19)となる．

図 3.11 に示すように，図心を通る中立軸 $y=0$ に平行な直線 l 周りの断面２次モーメント I_l を考える．中立軸 $y=0$ と直線 l の間隔を a とし，微小面積要素 $\mathrm{d}S$

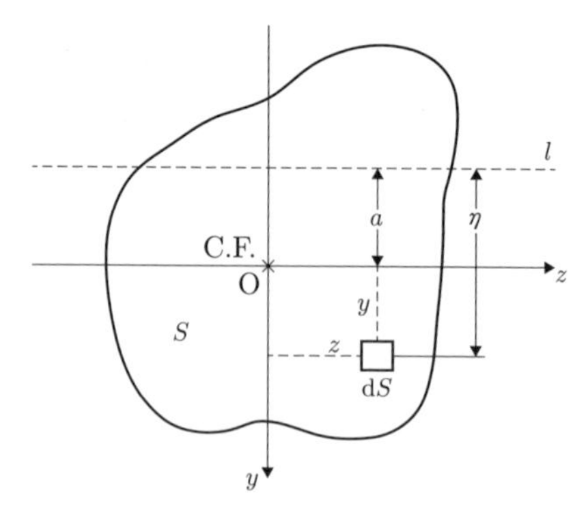

図 **3.11**　はりの断面２次モーメントの計算

の l からの距離を η とし，式(3.17)を考慮すると

$$I_l=\int_S \eta^2\,\mathrm{d}S=\int_S (a+y)^2\,\mathrm{d}S=a^2\int_S \mathrm{d}S+2a\int_S y\,\mathrm{d}S+\int_S y^2\,\mathrm{d}S=a^2S+I \quad (3.24\mathrm{a})$$

すなわち，

$$I_l=a^2S+I \quad (3.24\mathrm{b})$$

となる．式(3.24b)を**平行軸定理**という．

次にいくつかの簡単な形状に対し，断面2次モーメントと断面係数の求め方を示す．

a. 長方形断面

図3.12において，式(3.19)の $\mathrm{d}S$ を同図の影をつけた部分の面積とすれば

$$\mathrm{d}S=b\mathrm{d}y$$

であるので，上式を式(3.19)に代入すると，長方形断面の中立軸(z 軸)周りの断面2次モーメントは次のようになる．

$$I=\int_{-h/2}^{h/2} y^2\cdot b\,\mathrm{d}y=\frac{bh^3}{12} \quad (3.25)$$

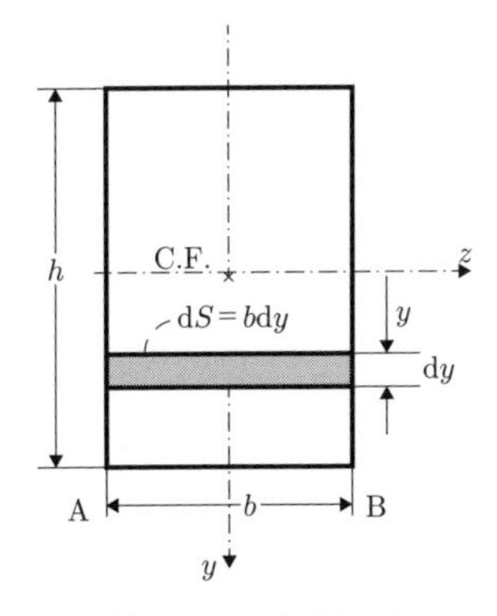

図 3.12 長方形断面のはりの断面2次モーメントの計算

また，この長方形断面の断面係数は

$$Z=\frac{I}{h/2}=\frac{bh^2}{6} \tag{3.26}$$

となる．また，長方形の辺 AB 周りの断面 2 次モーメントは，式(3.24b)の平行軸定理より

$$I_{\mathrm{AB}}=\frac{bh^3}{12}+bh\left(\frac{h}{2}\right)^2=\frac{bh^3}{3} \tag{3.27}$$

となる．

b. 円　形　断　面

図 3.13 において，式(3.19)の dS を，同図の影をつけた部分とすれば，図の半径を r として，

$$\mathrm{d}S=b\mathrm{d}y=2r^2\cos^2\theta\mathrm{d}\theta$$

となる．よって，この円形断面の中立軸(z 軸)周りの断面 2 次モーメントは次のように求められる．

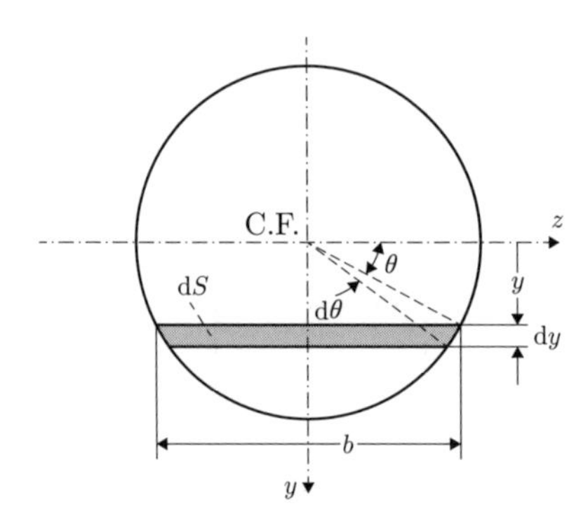

図 3.13　円形断面のはりの断面 2 次モーメントの計算

$$I=\int_A y^2\,\mathrm{d}S=\int_{-\pi/2}^{\pi/2} r^2\sin^2\theta\cdot 2r^2\cos^2\theta\,\mathrm{d}\theta$$
$$=\frac{r^4}{2}\int_{-\pi/2}^{\pi/2}(2\sin\theta\cos\theta)^2\,\mathrm{d}\theta=\frac{r^4}{2}\int_{-\pi/2}^{\pi/2}\sin^2 2\theta\,\mathrm{d}\theta \tag{3.28a}$$
$$=\frac{r^4}{4}\int_{-\pi/2}^{\pi/2}(1-\cos 4\theta)\,\mathrm{d}\theta=\frac{\pi r^4}{4}$$

この円形断面の直径を $d(=2r)$ とすると，断面2次モーメントは次のようにも書ける．

$$I=\frac{\pi d^4}{64} \tag{3.28b}$$

また，円形断面に対する断面係数は次のようになる．

$$Z=\frac{\pi d^4/64}{d/2}=\frac{\pi d^3}{32} \tag{3.29}$$

c. 中空円断面

計算は省略するが，内径 d_1，外径 d_2 の中空円断面の断面2次モーメントと断面係数はそれぞれ次のようになる．

$$I=\frac{\pi}{64}(d_2{}^4-d_1{}^4) \tag{3.30a}$$

$$Z=\frac{\pi}{32}\frac{d_2{}^4-d_1{}^4}{d_2} \tag{3.30b}$$

3.2.4 はりの分布荷重，せん断力，曲げモーメントの関係

次に，図3.14のように長さ $\mathrm{d}x$ のはりの微小要素を切り出すことを考える．この部分に作用する単位長さあたりの一様分布荷重を q(N/m)，左端面に作用するせん断力を Q(N)，曲げモーメントを M(Nm)，右端面に作用するせん断力を $Q+\mathrm{d}Q$，曲げモーメントを $M+\mathrm{d}M$ とする．この微小要素に作用する上下方向

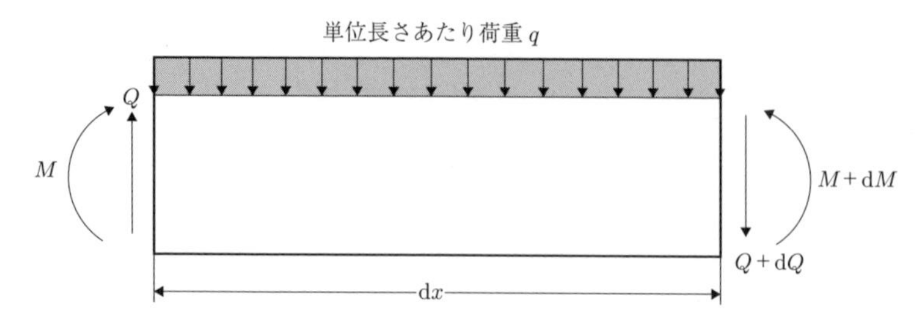

図 3.14　はりから仮想的に切り出された微小長方形

の力の釣合いから

$$Q+\mathrm{d}Q+q\mathrm{d}x-Q=0$$

よって，

$$\frac{\mathrm{d}Q}{\mathrm{d}x}=-q \tag{3.31}$$

が得られる．すなわち，せん断力の変化分は分布荷重と等しい．また，微小要素の中心点周りのモーメントの釣合いから

$$Q\frac{\mathrm{d}x}{2}+(Q+\mathrm{d}Q)\frac{\mathrm{d}x}{2}+M-(M+\mathrm{d}M)=0$$

が得られる．ここで，$\mathrm{d}Q\mathrm{d}x$ は 2 次以上の微小項であるとして，省略すると，

$$\frac{\mathrm{d}M}{\mathrm{d}x}=Q \tag{3.32}$$

が得られる．すなわち，曲げモーメントの変化分はせん断力と等しい．式(3.32)を式(3.31)に代入すると

$$\frac{\mathrm{d}^2M}{\mathrm{d}x^2}=-q \tag{3.33}$$

が得られる．

3.2.5 はりのたわみ

はりの断面の図心を連ねる直線を図心軸といい，これを x 軸にとる．y 軸を鉛直下向きにとり，図心軸上の点の鉛直下向き変位，すなわちたわみを y とする[*2]．y は x の関数であり，このグラフは変形後の図心軸となる．この曲線を**たわみ曲線**，または**弾性曲線**とよぶ．はりの材料の Young 率を E，はりの断面2次モーメントを I とする．曲げモーメント M の正負は図 3.4 に定めた通りとする．たわみ y がはりの長さに対して十分に小さい場合の，たわみ y と曲げモーメント M の関係を求めよう．図 3.15 に示すように，はりの中に微小区間 $\mathrm{d}x$ をとり，$\mathrm{d}x$ で区切られた中立線の両端が初期状態で A と B，曲げ変形後には A′ と B′ になるとする．A′ と B′ の間の中立線の長さ $\mathrm{d}s$ は，

$$\mathrm{d}s=\rho(-\mathrm{d}\theta) \tag{3.34}$$

となる．ここで ρ は中立線の曲率半径，$\mathrm{d}\theta$ は中立線の接線角 θ の変化量であり，**たわみ角**とよばれる．式(3.34)から次式が導かれる．

$$\phi\equiv\frac{1}{\rho}=-\frac{\mathrm{d}\theta}{\mathrm{d}s}=-\frac{\mathrm{d}\theta}{\mathrm{d}x}\cdot\frac{\mathrm{d}x}{\mathrm{d}s} \tag{3.35}$$

ここで，ϕ は曲率である．$\mathrm{d}y/\mathrm{d}x=\tan\theta$ すなわち $\theta=\tan^{-1}(\mathrm{d}y/\mathrm{d}x)$ から，次式が得られる．

$$\frac{\mathrm{d}\theta}{\mathrm{d}x}=\frac{\mathrm{d}}{\mathrm{d}x}\left\{\tan^{-1}\left(\frac{\mathrm{d}y}{\mathrm{d}x}\right)\right\}=\frac{\mathrm{d}^2y/\mathrm{d}x^2}{1+(\mathrm{d}y/\mathrm{d}x)^2} \tag{3.36a}$$

$$\frac{\mathrm{d}x}{\mathrm{d}s}=\cos\theta=\frac{1}{\sqrt{1+\tan^2\theta}}=\frac{1}{\sqrt{1+(\mathrm{d}y/\mathrm{d}x)^2}} \quad 0\leq\theta\leq\frac{\pi}{2} \tag{3.36b}$$

式(3.35)の右辺に式(3.36a)，(3.36b)を代入すると次式が得られる．

---

*2 ここではこのように y 軸を定義するが，y 軸を下向きにとるか，上向きにとるかは任意性があるので注意すること．

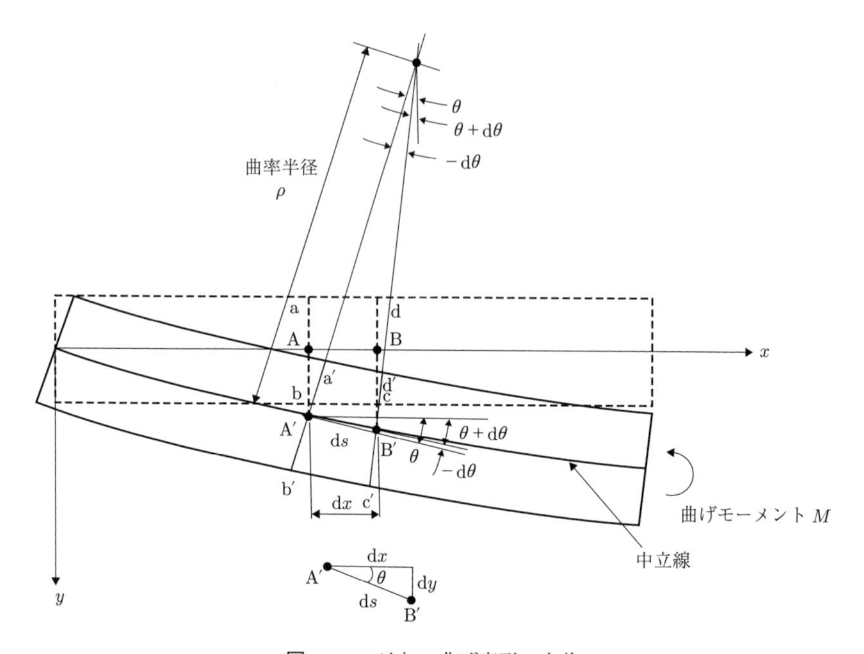

図 **3.15** はりの曲げ変形の定義

$$\phi = \frac{1}{\rho} = -\frac{\mathrm{d}^2 y/\mathrm{d}x^2}{\{1+(\mathrm{d}y/\mathrm{d}x)^2\}^{3/2}} \tag{3.37}$$

ここで，Taylor 展開の公式より，

$$\left(\frac{\mathrm{d}y}{\mathrm{d}x}\right)^2 = \tan^2(0+\theta) = \tan^2 0 + \left(\frac{2\tan 0}{\cos^2 0}\right)\cdot\theta + \frac{1}{2}\cdot 2\left(\frac{1+2\sin^2 0}{\cos^4 0}\right)\cdot\theta^2 + \cdots$$

よって，

$$\left(\frac{\mathrm{d}y}{\mathrm{d}x}\right)^2 = 0 + 0\cdot\theta + 1\cdot\theta^2 + \cdots \cong 0 \tag{3.38}$$

となる．上式では，微小変形を仮定して θ の 2 次以上の項を無視した．式(3.37)に式(3.38)を代入すると，

$$\phi=\frac{1}{\rho}=-\frac{\mathrm{d}^2y}{\mathrm{d}x^2} \tag{3.39}$$

となる．式(3.39)を式(3.18)に代入し，ρ を消去すると，

$$\frac{\mathrm{d}^2y}{\mathrm{d}x^2}=-\frac{M}{EI} \tag{3.40a}$$

あるいは

$$M=-EI\frac{\mathrm{d}^2y}{\mathrm{d}x^2} \tag{3.40b}$$

を得る．ここで EI をはりの**曲げ剛性**という．式(3.40a)は，曲げモーメントがわかっているときたわみを求めるために用いられ，はりの**たわみの微分方程式**といわれる．一方，式(3.40b)は，たわみがわかっているとき，曲げモーメントを求めるために用いられる．

式(3.40a)の両辺を x で微分し，式(3.32)を代入し M を消去すると，

$$\frac{\mathrm{d}^3y}{\mathrm{d}x^3}=-\frac{Q}{EI} \tag{3.41a}$$

あるいは

$$Q=-EI\frac{\mathrm{d}^3y}{\mathrm{d}x^3} \tag{3.41b}$$

が得られる．式(3.41a)はせん断力がわかっているときたわみを求めるために用いられる微分方程式であり，式(3.41b)はたわみがわかっているときせん断力を求める式である．

式(3.41a)の両辺を x で微分し，式(3.31)を代入し，Q を消去すると

$$\frac{\mathrm{d}^4y}{\mathrm{d}x^4}=\frac{q}{EI} \tag{3.42}$$

が得られる．この式は分布荷重がわかっているとき，たわみを求めるために用いられる微分方程式である．

以上のことから，はりのたわみ y を求めるには，微分方程式(3.40a)，(3.41a)，(3.42)のいずれかを適当な境界条件のもとで解けばよい．次に，いくつかの典型的なたわみの解析例を示す．

a.　片持はり：自由端に集中荷重を受ける場合

図 3.16 のように自由端 O に集中荷重 P(N)を受ける片持はりを考える．変形前の図心軸を x 軸とし，変形前の自由端 O を原点とすると，このはりの座標 x の任意の点における曲げモーメントは 3.2.1 項で述べたように，

$$M=-Px \tag{3.43}$$

となる．上式を式(3.40a)に代入し

$$\frac{\mathrm{d}^2y}{\mathrm{d}x^2}=\frac{P}{EI}x \tag{3.44}$$

を得る．この式の両辺を x で 2 回続けて積分し次式を得る．

$$\frac{\mathrm{d}y}{\mathrm{d}x}=\frac{P}{2EI}x^2+C_1 \tag{3.45}$$

$$y=\frac{P}{6EI}x^3+C_1x+C_2 \tag{3.46}$$

ここで，C_1，C_2 は積分定数である．これらの積分定数は，固定端の境界条件，$x=l$ において

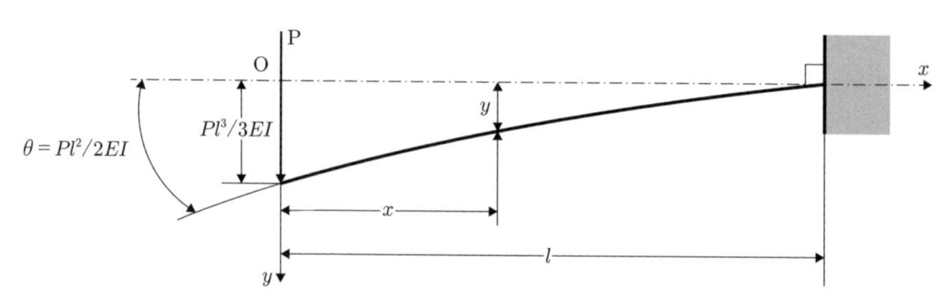

図 3.16　自由端に集中荷重を受ける片持はりのたわみ

$$\frac{\mathrm{d}y}{\mathrm{d}x}=0,\quad y=0$$

であることから決定され，

$$C_1=-\frac{Pl^2}{2EI},\quad C_2=\frac{Pl^3}{3EI} \tag{3.47}$$

となる．式(3.47)を式(3.45)に代入すると，

$$\frac{\mathrm{d}y}{\mathrm{d}x}=-\frac{Pl^2}{2EI}\left(1-\frac{x^2}{l^2}\right) \tag{3.48}$$

が得られる．上式より $|\mathrm{d}y/\mathrm{d}x|$ の最大値は $x=0$ で生じ，

$$\left|\frac{\mathrm{d}y}{\mathrm{d}x}\right|_{\mathrm{max}}=\frac{Pl^2}{2EI} \tag{3.49}$$

となる．これが図 3.16 に示す自由端での最大たわみ角である．

式(3.47)を式(3.46)に代入すると，

$$y=\frac{Pl^3}{6EI}\left(2-3\frac{x}{l}+\frac{x^3}{l^3}\right) \tag{3.50}$$

が得られる．これがたわみ曲線の方程式である．最大たわみは自由端 $x=0$ で生じ，その値は

$$y_{\mathrm{max}}=\frac{Pl^3}{3EI} \tag{3.51}$$

であり，図 3.16 に示すようになる．

b. 片持はり：全長にわたって等分布荷重を受ける場合

図 3.17 のように片持はりの全長にわたり，単位長さあたり q(N/m)の等分布荷重を受ける場合を考える．自由端(左端)から座標 x におけるたわみ角とたわみの式はそれぞれ次のようになる．

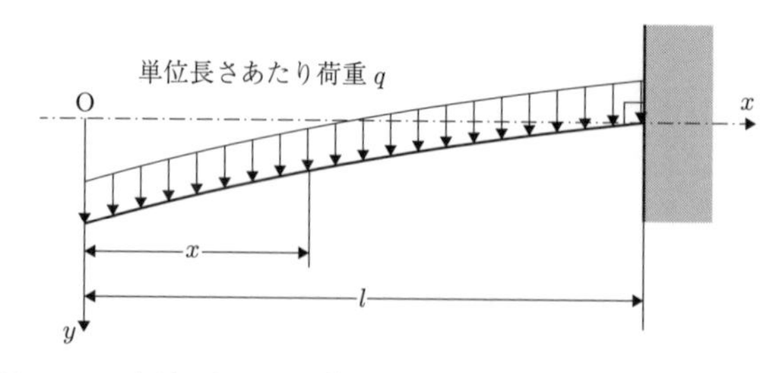

図 **3.17**　全長にわたって等分布荷重を受ける片持はりのたわみ

$$\frac{\mathrm{d}y}{\mathrm{d}x}=-\frac{ql^3}{6EI}\left(1-\frac{x^3}{l^3}\right) \tag{3.52}$$

$$y=\frac{ql^4}{24EI}\left(3-4\frac{x}{l}+\frac{x^4}{l^4}\right) \tag{3.53}$$

この場合，たわみ角とたわみの最大値は，自由端 $x=0$ において生じ，

$$\left|\frac{\mathrm{d}y}{\mathrm{d}x}\right|_{\max}=\frac{ql^3}{6EI},\quad y_{\max}=\frac{ql^4}{8EI} \tag{3.54}$$

となる．

3.2.6 不 静 定 は り

(a)　一端単純支持，他端固定で等分布荷重を受けるはり

図 3.18(a)に示す，一端単純支持，他端固定で等分布荷重を受けるはりは，不静定はりである．この場合は，釣合い条件のみから曲げモーメント分布を求めることができず，境界条件に合うようにはりの変形を仮定して，曲げモーメント分布を決定する必要がある．この場合の変形は次のように求められる．

単純支持端の未知反力を R とする．座標 x の任意の点における曲げモーメントは次式で与えられる．

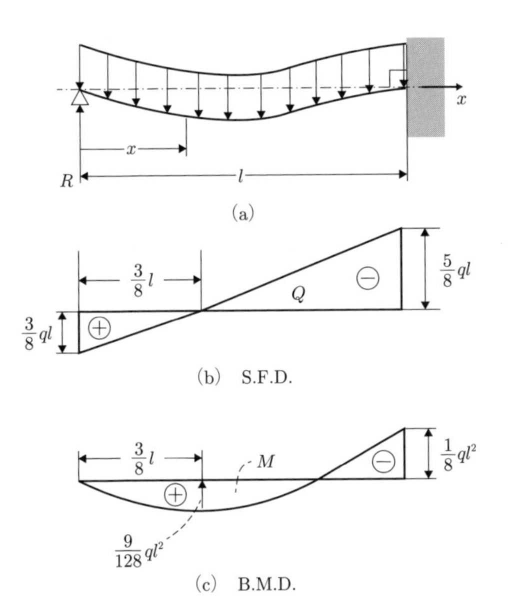

図 3.18　一端単純支持，他端固定で等分布荷重を受けるはり

$$M = Rx - \frac{1}{2}qx^2 \tag{3.55}$$

式(3.55)を式(3.40a)に代入すると次式を得る．

$$\frac{\mathrm{d}^2 y}{\mathrm{d}x^2} = \frac{1}{EI}\left(-Rx + \frac{1}{2}qx^2\right) \tag{3.56}$$

上式を積分すると，次式を得る．

$$\frac{\mathrm{d}y}{\mathrm{d}x} = \frac{1}{EI}\left(-\frac{R}{2}x^2 + \frac{1}{6}qx^3\right) + C_1 \tag{3.57}$$

$$y = \frac{1}{EI}\left(-\frac{R}{6}x^3 + \frac{q}{24}x^4\right) + C_1 x + C_2 \tag{3.58}$$

固定端 $x = l$ においてたわみ角 $\mathrm{d}y/\mathrm{d}x$ が 0 であることから，式(3.57)より

$$C_1=\frac{Rl^2}{2EI}-\frac{ql^3}{6EI} \tag{3.59a}$$

となり，また，単純支持端 $x=0$ でたわみ y が 0 であることから，式(3.58)より

$$C_2=0 \tag{3.59b}$$

が得られる．式(3.59a)と式(3.59b)を式(3.58)に代入すると

$$y=\frac{1}{24EI}\{qx^4-4Rx^3+(12Rl^2-4ql^3)x\} \tag{3.60}$$

が得られる．次に，固定端 $x=l$ でたわみが 0 である条件 $y=0$ を式(3.60)に代入し，単純支持端の反力 R に関して解くと次式が得られる．

$$R=\frac{3}{8}ql \tag{3.61}$$

式(3.61)を式(3.60)に代入すると，たわみ曲線の方程式

$$y=\frac{q}{48EI}(2x^4-3lx^3+l^3x) \tag{3.62}$$

が得られる．最大たわみは式(3.62)に対して $\mathrm{d}y/\mathrm{d}x=0$ を解くと，

$$x=l,\quad x=\frac{1}{16}(1\pm\sqrt{33})l$$

が得られる．これらの解のうち，$x=l$ は固定端で $\mathrm{d}y/\mathrm{d}x=0$ であることを表しており，$x=1/16(1-\sqrt{33})l$ ははりの外の点を与える．したがって，最大たわみを生じる点の座標 x と，最大たわみは次のようになる．

$$x=\frac{1}{16}(1+\sqrt{33})l\cong 0.422l \tag{3.63a}$$

$$y_{\max}\cong 0.00542\frac{ql^4}{EI} \tag{3.63b}$$

次に座標 x の点のせん断力は式(3.41b)に式(3.62)を代入すると，

$$Q=\frac{3}{8}ql-qx \tag{3.64}$$

で与えられ，せん断力図は図 3.18(b)のようになる．また，曲げモーメントは式(3.55)に式(3.61)を代入すると

$$M=\frac{3}{8}qlx-\frac{q}{2}x^2 \tag{3.65}$$

となり，曲げモーメント図は図 3.18(c)のようになる．$|M|$の最大値は，固定端で生じ，次式となる．

$$|M|_{\max}=|(M)_{x=l}|=\frac{ql^2}{8} \tag{3.66}$$

(b)　等分布荷重を受ける両端固定はり

図 3.19(a)に示す等分布荷重を受ける両端固定はりでは，まず式(3.42)を順次積分すると次式が得られる．

$$\frac{\mathrm{d}^3y}{\mathrm{d}x^3}=\frac{q}{EI}x+C_1 \tag{3.67a}$$

$$\frac{\mathrm{d}^2y}{\mathrm{d}x^2}=\frac{q}{2EI}x^2+C_1x+C_2 \tag{3.67b}$$

$$\frac{\mathrm{d}y}{\mathrm{d}x}=\frac{q}{6EI}x^3+\frac{C_1}{2}x^2+C_2x+C_3 \tag{3.67c}$$

$$y=\frac{q}{24EI}x^4+\frac{C_1}{6}x^3+\frac{C_2}{2}x^2+C_3x+C_4 \tag{3.67d}$$

ここで，C_1，C_2，C_3，C_4は積分定数である．両端が固定端の境界条件では，

$$x=0\ \text{で}\ y=0,\ \ \mathrm{d}y/\mathrm{d}x=0$$
$$x=l\ \text{で}\ y=0,\ \ \mathrm{d}y/\mathrm{d}x=0$$

であるので，これらの 4 つの条件を式(3.67c)と(3.67d)に代入し，C_1〜C_4を求める式(3.67d)に代入すると，たわみ曲線の方程式，

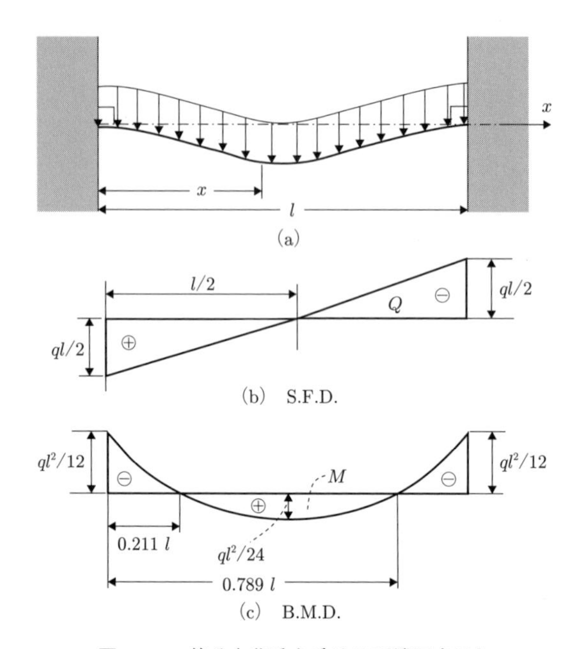

図 3.19　等分布荷重を受ける両端固定はり

$$y=\frac{q}{24EI}x^4-\frac{ql}{12EI}x^3+\frac{ql^2}{24EI}x^2=\frac{q}{24EI}x^2(x-l)^2 \tag{3.68}$$

が得られる．せん断力は上式を式(3.41b)に代入すると，

$$Q=\frac{ql}{2}-qx \tag{3.69}$$

で与えられ，せん断力図は図 3.19(b)のようになる．また，曲げモーメントは式(3.40b)に式(3.68)を代入すると

$$M=-\frac{q}{2}x^2+\frac{ql}{2}x-\frac{ql^2}{12} \tag{3.70}$$

となり，曲げモーメント図は図 3.19(c)のようになる．

3.2.7 はりの曲げの弾性エネルギー

次にはりが曲げ変形する際にはり全体に蓄えられる弾性ひずみエネルギー U を考えよう．図 3.15 に示すはりの微小区間を考える．まず，

$$d\theta = \frac{dx}{\rho} \tag{3.71}$$

また，式(3.18)より

$$\frac{1}{\rho} = \frac{M}{EI}$$

この 2 式より ρ を消去すると，次式を得る．

$$d\theta = \frac{M}{EI}dx \tag{3.72}$$

曲げモーメント M が作用し，微小要素が $d\theta$ だけ曲がり，その外力仕事に応じたひずみエネルギーが微小要素に蓄えられるとすると，そのひずみエネルギーは

$$dU = \frac{M d\theta}{2} \tag{3.73}$$

となる．式(3.72)を式(3.73)に代入すると次式が得られる．

$$dU = \frac{M}{2}\frac{M}{EI}dx = \frac{M^2}{2EI}dx \tag{3.74}$$

よって曲げ変形するはり全体に蓄えられるひずみエネルギーは，はりの長さを l とすると

$$U = \int_0^l \frac{M^2}{2EI}\,dx \tag{3.75}$$

となる．これにはりのたわみの微分方程式(3.40a)を代入すると

$$U=\int_0^l \frac{1}{2}EI\left(\frac{\mathrm{d}^2y}{\mathrm{d}x^2}\right)^2 \mathrm{d}x \tag{3.76}$$

となる．特に，はりの材質と断面形状が，はりの全長にわたって同一であるならば，

$$U=\frac{1}{2EI}\int_0^l M^2\,\mathrm{d}x=\frac{EI}{2}\int_0^l\left(\frac{\mathrm{d}^2y}{\mathrm{d}x^2}\right)^2 \mathrm{d}x \tag{3.77}$$

となる．一例として，図 3.16 に示す自由端に集中荷重 P を受ける片持はりの曲げの弾性エネルギーは，式(3.43)で与えられる座標 x の点における曲げモーメントを式(3.77)に代入すると次のようになる．

$$\begin{aligned} U&=\frac{P^2}{2EI}\int_0^l x^2\,\mathrm{d}x=\frac{P^2l^3}{6EI}=\frac{1}{2}\frac{Pl^3}{3EI}P \\ &=\frac{1}{2}(\text{自由端の変位})\times(\text{自由端に作用する集中荷重}) \end{aligned} \tag{3.78}$$

これは，集中荷重 P が片持はりになした仕事に等しいことがわかる．

3.3　棒のねじり

図 3.20(a)のように，断面が円形の真っすぐな棒の右端を固定し，左端にモーメント T の偶力を加えてこの棒をねじることを考える．この場合，モーメント T を**ねじりモーメント**という．棒の各位置のねじりに伴う回転角を φ とする．図 3.20(a)に示すように，変形前の棒表面に中心軸に沿う方向に母線 ACDB を描く．この母線は変形後 A′C′D′B になる．次に，この棒の CD 間の部分を切り出して図 3.20(b)に示す．この図において，変形前の母線 CD に加えてもう一本の母線 EF を考え，それらがねじり変形後の C′D′，E′F′ となっている．そこで四辺形 CDFE と C′D′F′E′ を抜き出し，DF と D′F′ を重ねた図を描けば，図 3.20(c)のようになる．この図において C′CE′E と DF の距離および相対回転角をそれぞれ $\mathrm{d}x$，$\mathrm{d}\varphi$，円形断面の半径を a とすると，

$$\mathrm{CC}'=\mathrm{EE}'=a\,\mathrm{d}\varphi \tag{3.79}$$

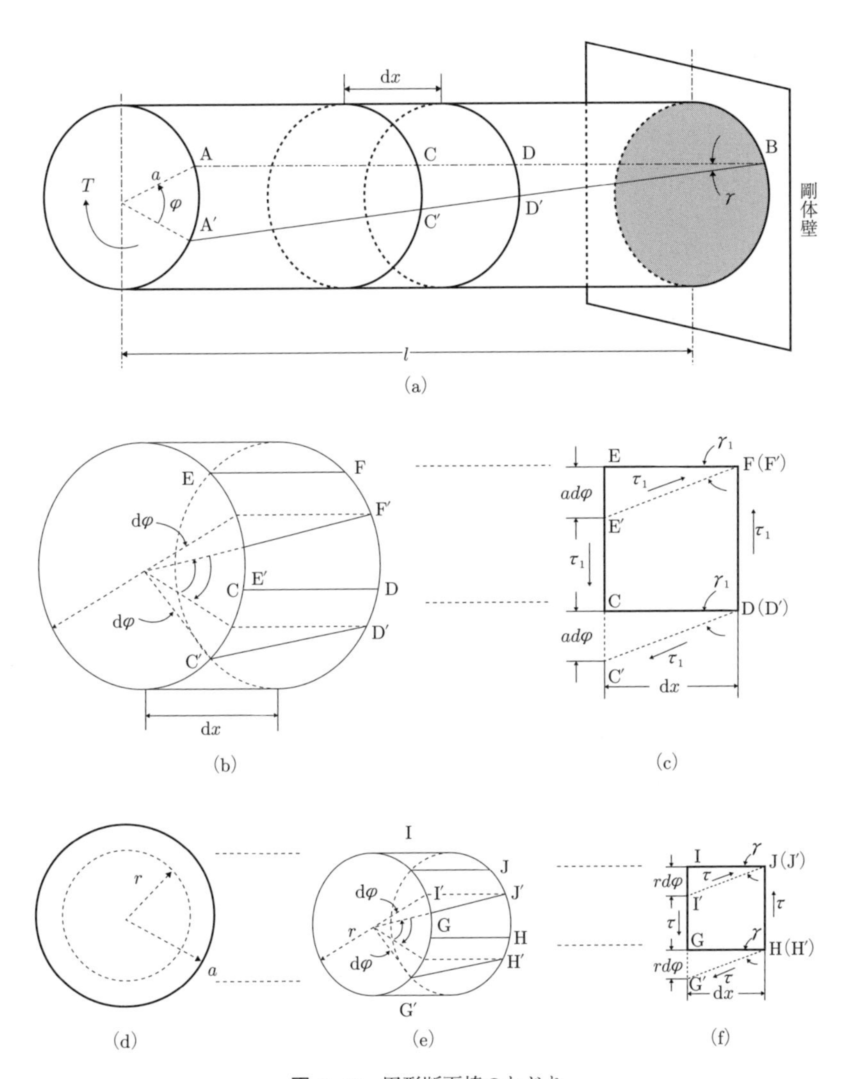

図 3.20　円形断面棒のねじり

である．したがって，図 3.20(c)の四辺形 CDFE の工学せん断ひずみ γ_1 *3 は

$$\gamma_1=\frac{\mathrm{CC}'}{\mathrm{CD}}=a\frac{\mathrm{d}\varphi}{\mathrm{d}x} \tag{3.80}$$

で与えられる．この式の右辺における $\mathrm{d}\varphi/\mathrm{d}x$ は，長手方向に微小距離 $\mathrm{d}x$ だけ離れた 2 つの断面間の単位長さあたりの相対ねじり角であり，これを**比ねじり角**といい，θ で表すことにする．すなわち，

$$\theta\equiv\frac{\mathrm{d}\varphi}{\mathrm{d}x} \tag{3.81}$$

また，この例では，円形断面で長手方向に一様なので，

$$\theta=\frac{\varphi}{l}$$

となる．式(3.81)を式(3.80)に代入し次式を得る．

$$\gamma_1=a\theta \tag{3.82}$$

以上は，棒の外表面上の四辺形 CDFE について考えたが，この円筒面と同心の棒の内部で考えた円筒面についても同様のことがいえる．すなわち，図 3.20(d)の棒断面図において，半径 a の円は棒の外表面，半径 r の円は，これと同心の半径 r の円筒面である．この半径 r の円筒面と棒断面 C′ CE′ E および D′ DF′ F で囲まれた部分を図 3.20(e)に示す．この図で半径 r の円筒面表面に描いた変形前の母線 GH と IJ がねじり変形後 G′ H′ と I′ J′ になる．GHJI と G′ H′ J′ I′ の HJ と H′ J′ を重ねた図を図 3.20(f)に示す．四辺形 GHJI のねじり変形時の工学せん断ひずみを γ とすると，式(3.82)と同様に，

$$\gamma=r\theta \tag{3.83}$$

が得られ，式(3.82)と式(3.83)より θ を消去すると

*3　工学せん断ひずみ γ_{ij} とせん断ひずみ ε_{ij} の関係は，2.2.3 項で述べたように $\gamma_{ij}=2\varepsilon_{ij}$ である．

$$\gamma = \gamma_1 \frac{r}{a} \tag{3.84}$$

となる．式(2.30a)に従えば，せん断応力 τ は，棒の外部表面(半径 a)では

$$\tau_1 = G\gamma_1 = Ga\theta \tag{3.85}$$

となり，半径 r のところでは，

$$\tau = G\gamma = Gr\theta \tag{3.86}$$

となる．式(3.85)と式(3.86)より θ を消去すると

$$\tau = \tau_1 \frac{r}{a} \tag{3.87}$$

となる．式(3.84)と式(3.87)より，せん断ひずみとせん断応力は，中心からの距離 r に比例することがわかる．このことを棒断面上のせん断応力の分布として図3.21(a)に示す．式(2.8)のせん断応力成分の対称性から，棒の中心軸を含む断面にも，図3.21(b)のようなせん断応力が作用する．

次にねじりモーメントとせん断応力の関係を求める．図3.22のように，図3.20(a)の棒の途中に仮想した一つの断面より片側にある棒の部分のねじりモーメントの釣合いを考えると

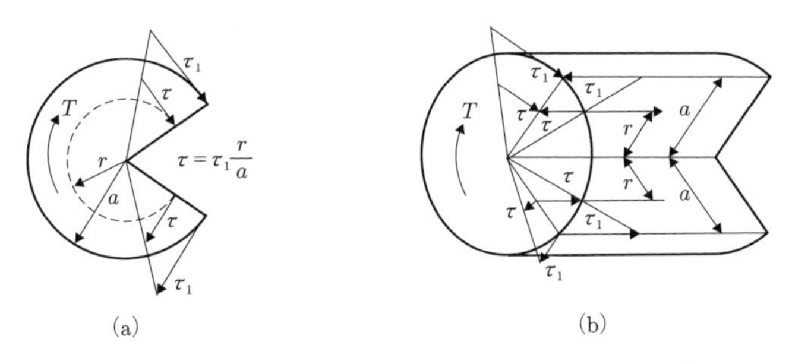

図 3.21　ねじりを受ける円形断面棒に生じるせん断応力

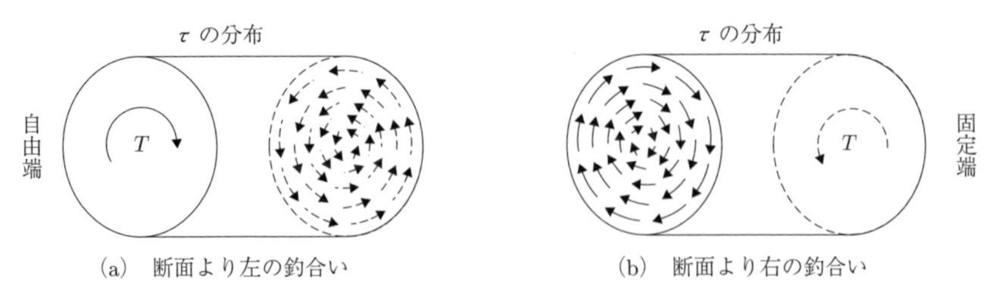

(a)　断面より左の釣合い　　(b)　断面より右の釣合い

図 3.22　ねじりモーメントとせん断応力の釣合い

$$T = \int_0^a \tau r \cdot 2\pi r \, \mathrm{d}r \tag{3.88}$$

となる．式(3.88)に式(3.87)を代入して

$$T = \int_0^a \tau_1 \frac{r}{a} \cdot r \cdot 2\pi r \, \mathrm{d}r = \frac{\pi}{2} \tau_1 a^3 \tag{3.89}$$

が得られる．上式は円形断面の直径を d とすると，

$$T = \frac{\pi d^3}{16} \tau_1 \tag{3.90a}$$

あるいは

$$\tau_1 = \frac{16T}{\pi d^3} \tag{3.90b}$$

とも書ける．式(3.90b)はねじりモーメント T が与えられたとき，円形断面棒に生じる最大せん断応力 τ_1 を与える．

一般に，図 3.23 のような任意断面において，断面内の微小面積要素を dS，図心からこの要素までの距離を r とするとき

$$J \equiv \int_S r^2 \, \mathrm{d}S \tag{3.91}$$

で与えられる量を，この断面の**断面 2 次極モーメント**という．式(3.91)は次のよ

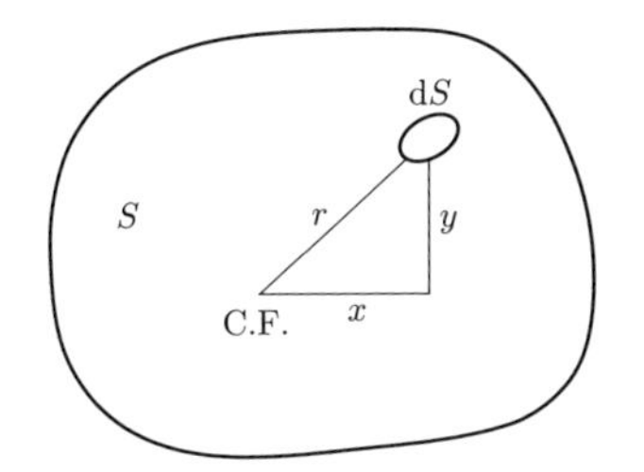

図 3.23 任意断面を有する棒のねじり

うにも書ける．

$$J=I_x+I_y \tag{3.92}$$

ただし，

$$I_x=\int_S y^2\,\mathrm{d}S=x\text{ 軸周りの断面 2 次モーメント}$$

$$I_y=\int_S x^2\,\mathrm{d}S=y\text{ 軸周りの断面 2 次モーメント}$$

である．特に，円形断面では，

$$I_x=I_y=\frac{\pi d^4}{64} \tag{3.93}$$

となる．式(3.93)を式(3.92)に代入すると，円形断面棒の断面 2 次極モーメントは

$$J=\frac{\pi d^4}{32} \tag{3.94}$$

となる．式(3.90b)と式(3.94)より，

$$\tau_1=\frac{T}{J}\frac{d}{2} \tag{3.95}$$

となる．次にねじりモーメント T を受ける円形断面棒の比ねじり角は，式

(3.85)，式(3.94)，式(3.95)より

$$\theta=\frac{32}{\pi d^4}\frac{T}{G} \tag{3.96}$$

と求められ，棒の全長にわたるねじり角，すなわち，棒の両端断面の相対回転角 φ は

$$\varphi=\theta l=\frac{32l}{\pi d^4}\frac{T}{G} \tag{3.97a}$$

あるいは

$$T=\frac{\pi d^4 G}{32l}\varphi=\frac{\pi d^4 G}{32}\theta=GJ\theta \tag{3.97b}$$

となる．この式より，ねじりモーメント T は，比ねじり角に比例し，その比例定数 GJ を**ねじり剛性**とよぶ．

図 3.24 のような同心円断面棒のときも以上と同様の式が成立する．その結果だけを示すと次式となる．

$$\tau_1=\frac{16d_2}{\pi(d_2^4-d_1^4)}T=\frac{T}{J}\frac{d_2}{2} \tag{3.98a}$$

$$J=\frac{\pi}{32}(d_2^4-d_1^4) \tag{3.98b}$$

$$\theta=\frac{32}{\pi(d_2^4-d_1^4)}\frac{T}{G}=\frac{T}{GJ} \tag{3.98c}$$

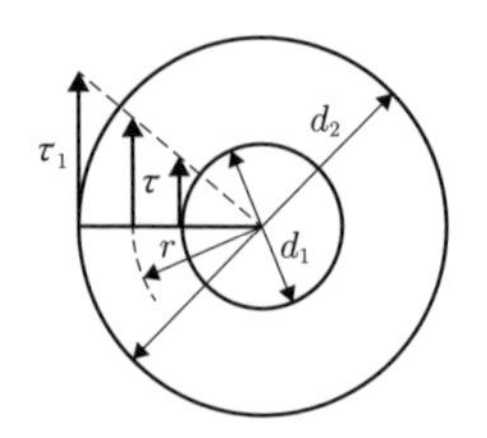

図 3.24　同心円断面棒のねじり

以上，円形断面棒のねじり問題を中心に説明したが，材料力学的に扱えるのは，円形断面棒の問題に限られる．円形断面棒以外では，ねじりに伴い，変形前には平面であった断面が曲面状に湾曲する**ワーピング**(warping)が起こるため，有限要素法などの数値解析による扱いが必要となる．

3.4　薄肉の円筒殻と球殻

3.4.1　薄 肉 円 筒 殻

曲率をもった板を一般に殻(かく，シェル)という．円筒形の殻で，平均半径に比べて板厚が十分に小さい場合を薄肉円筒殻という．図 3.25(a)のように，内圧 p (N/m^2)を受ける半径 r で板厚 h の両端自由な開放端の薄肉円筒殻を考える．この場合，円筒殻の軸方向に z 軸をとると，この方向の垂直応力は $\sigma_z=0$ となる．図 3.25(b)のように，円筒の中心軸を通る水平面で円筒を切断し，その上半分について考える．紙面に垂直方向の奥行を単位長さにとり，この上半分の上下方向の力の釣合いを考える．円筒殻断面の周方向垂直応力を σ_θ とすると，図 3.25(c)に示す上半分の上下方向に作用する力の釣合いは次式となる．

$$2\int_0^{\pi/2} pr\sin\theta\,\mathrm{d}\theta-2\sigma_\theta h=0 \tag{3.99}$$

上式の積分を実行し，σ_θ について解くと

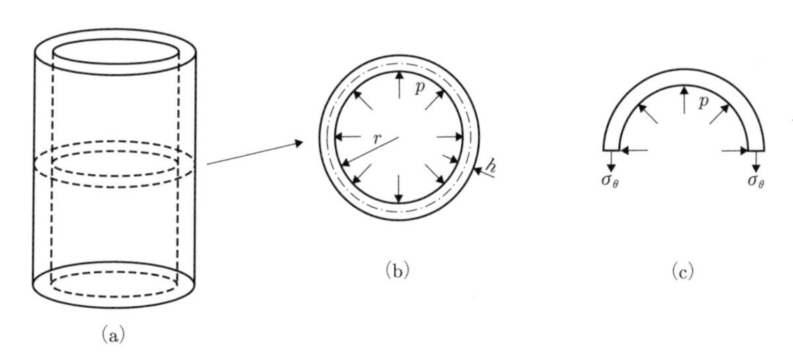

図 3.25　内圧を受ける開放端の薄肉円筒殻

$$\sigma_\theta = \frac{pr}{h} \tag{3.100}$$

が得られる．σ_θ は正となるが，これは σ_θ が引張応力となることを表している．円周方向の垂直ひずみ ε_θ は，Young 率を E とすると，次のようになる．

$$\varepsilon_\theta = \frac{pr}{Eh} \tag{3.101}$$

径方向に作用する垂直応力は，次のようになる．

$$\begin{aligned} &\text{内側で} \quad \sigma_r = -p \\ &\text{外側で} \quad \sigma_r = 0 \end{aligned} \tag{3.102}$$

なお，薄肉円筒殻では σ_r は σ_θ と比べて小さいため，板厚内では $\sigma_r=0$ とする．

次に，図 3.26 のように，両端を端板(鏡板ともいう)で閉じた薄肉円筒殻を考える．端板から十分離れた位置での円筒殻の円周方向の応力 σ_θ は，式(3.100)で与えられる．一方，軸方向の垂直応力 σ_z は軸方向に作用する力の釣合いから，

$$\sigma_z \cdot h \cdot 2\pi r = p \cdot \pi r^2$$

となる．よって，

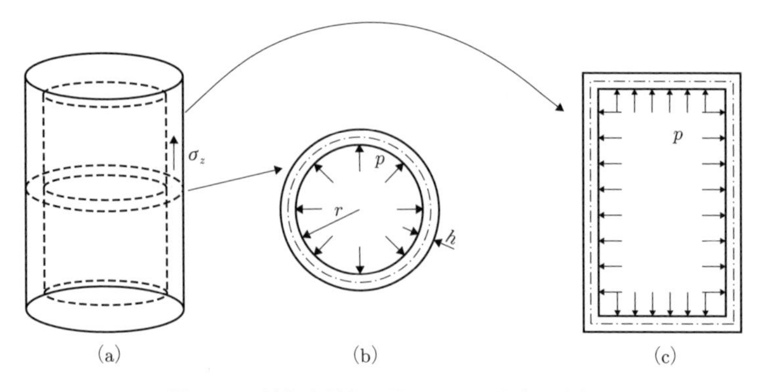

図 3.26　端部を端板で閉じられた薄肉円筒殻

$$\sigma_z = \frac{pr}{2h} = \frac{\sigma_\theta}{2} \tag{3.103}$$

となる．また，径方向に作用する垂直応力は式(3.102)と同じであり，板厚内では$\sigma_r=0$とする．

円周方向と軸方向の垂直ひずみは，式(3.100)と式(3.103)を式(2.34a)に代入することにより，

$$\varepsilon_\theta = \frac{pr}{Eh}\left(1-\frac{\nu}{2}\right), \quad \varepsilon_z = \frac{pr}{2Eh}(1-2\nu), \quad \varepsilon_r = -\frac{3}{2}\frac{pr\nu}{Eh} \tag{3.104a, b, c}$$

で与えられる．なお，周方向ひずみε_θは，半径方向変位uを用いて次のようにも表せる．

$$\varepsilon_\theta = \frac{2\pi(r+u)-2\pi r}{2\pi r} = \frac{u}{r} \tag{3.104d}$$

以上において，内圧の代わりに外圧pが作用するときは，以上の式のpの代わりに$-p$として，負の応力と負のひずみを，それぞれ圧縮応力と圧縮ひずみと解釈すればよい．ただし，外圧の場合，座屈[*4]に対する配慮が必要である．

3.4.2 薄 肉 球 殻

平均半径rに比べて板厚hが十分に小さい球形の殻を薄肉球殻という．図3.27に示すような，薄肉球殻の周方向の垂直応力σ_θと周方向の垂直ひずみε_θは，3.4.1項の薄肉円筒殻と同様の考え方に基づき，それぞれ

$$\sigma_\theta = \frac{pr}{2h} \tag{3.105a}$$

$$\varepsilon_\theta = \frac{pr}{2Eh}(1-\nu) \tag{3.105b}$$

で与えられる．内圧の代わりに外圧pが作用する場合の考え方も薄肉円筒殻の場

*4 座屈の基本的な考え方は第4章で述べるが，殻の座屈は工学教程『材料力学II』5.3節で扱う．

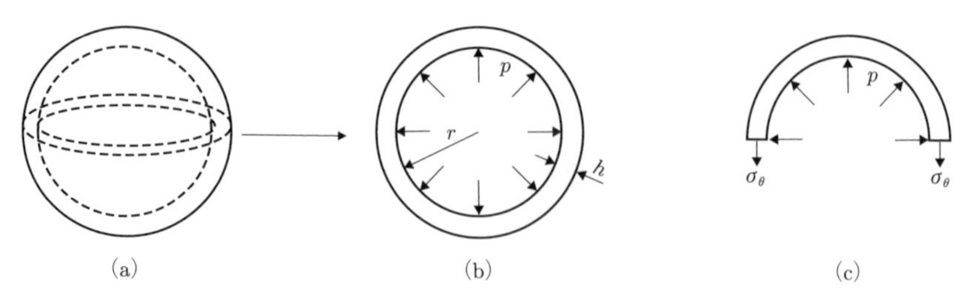

図 3.27　内圧を受ける薄肉球殻

合と同様である．ただし，外圧の場合，薄肉円筒殻と同じく座屈に対する配慮が必要である．

3.5　トラス構造

複数の細長く真っすぐな棒を自由に回転できるようにピン結合し，構成した構造を**トラス**(truss)とよぶ．その基本構造は，3 本の棒を連結させた三角形のユニットである．このユニットをさらに組み合わせて 2 次元で組み立てたものを**平面トラス**，3 次元で組み立てたものを**立体トラス**とよぶ．トラスでは，その構成要素である棒の両端はピン結合により自由に回転できるので，棒には引張りと圧縮の軸力のみが作用する．したがって，各部材の基本的な力学状態は 3.1 節に述べた通りである．

図 3.28 に示す，Young 率 E，断面積 S の 2 本の棒 AC と BC が支持点 A，B で壁にピン結合で固定され，さらに点 C でピン結合されており，力 F が点 C で垂直方向に作用する場合を考え，各棒に発生する内力 Q_1，Q_2 と，点 C の垂直方向への変位 δ を考えよう．

まず点 C における x，y 方向の力の釣合い式は次のようになる．

$$Q_1 \sin\alpha - Q_2 \sin\beta = 0 \tag{3.106a}$$

$$Q_1 \cos\alpha + Q_2 \cos\beta - F = 0 \tag{3.106b}$$

これより内力 Q_1，Q_2 は

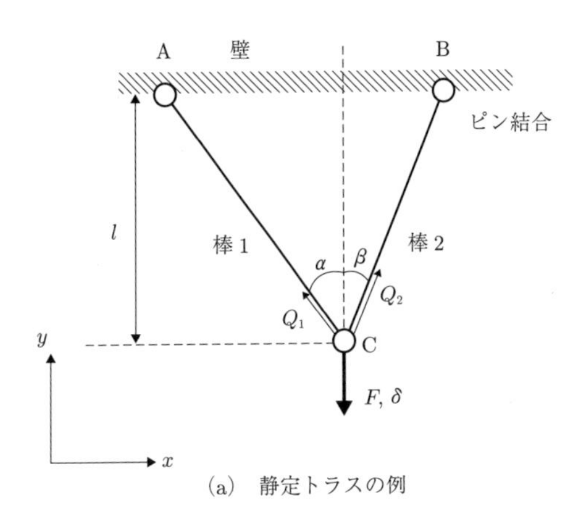

(a) 静定トラスの例

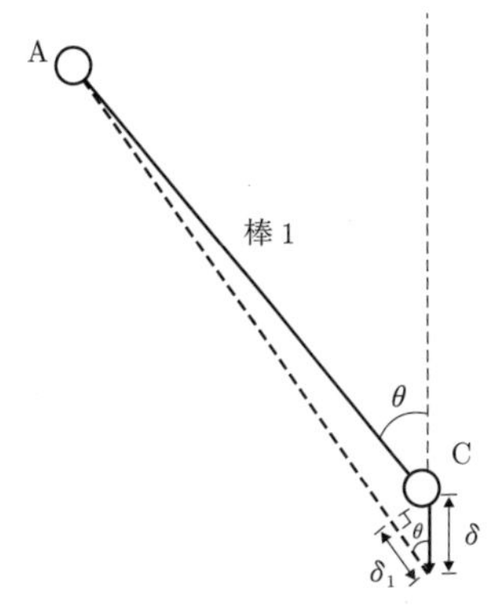

(b) 点 C の伸び δ と棒 1 の伸び δ_1 の関係

図 3.28 静定トラスの力学状態

$$Q_1=\frac{F\sin\beta}{\sin(\alpha+\beta)} \tag{3.107a}$$

$$Q_2=\frac{F\sin\alpha}{\sin(\alpha+\beta)} \tag{3.107b}$$

となる．図 3.28 において $\alpha=\beta=\theta$ の左右対称なトラスを考え，点 C の垂直変位 δ を求める．まず，2 本の棒に生じる内力は次式となる．

$$Q_1=Q_2=\frac{F}{2\cos\theta} \tag{3.108}$$

各棒の長さは $l/\cos\theta$ であり，$\delta_1=Fl/(2ES\cos^2\theta)$ 伸びる．したがって，点 C の垂直変位 δ は，図 3.28(b) に示すように対称条件を使い幾何学的に求めると次のようになる．

$$\delta=\frac{\delta_1}{\cos\theta}=\frac{Fl}{2ES\cos^3\theta} \tag{3.109}$$

このように，力の釣合いを考えるだけで全体の変形や力学状態を求められるトラスを**静定トラス**とよぶ．

次に，図 3.29 に示すような 3 本の棒 AC，DC，BC が点 A，B，D において壁にピン結合で固定され，点 C で互いにピン結合され，力 F が点 C で垂直方向に作用する場合を考え，各棒に発生する内力 Q_1，Q_2，Q_3 と，点 C の垂直方向への変位 δ を考えよう．点 C における x，y 方向の力の釣合いを考えるとそれぞれ次のようになる．

$$Q_1 \sin\theta - Q_2 \sin\theta = 0 \tag{3.110a}$$

$$Q_1 \cos\theta + Q_2 \cos\theta + Q_3 = F \tag{3.110b}$$

式(3.110a)より $Q_1 = Q_2$ となる．しかしながら，個々の内力を決定するためにはもう 1 つの条件式が必要である．このように力の釣合いだけでは変形の決まらないトラスを**不静定トラス**とよぶ．そこで，3 本の棒は点 C において結合されていることから，点 C における変位が等しくなる条件を考える．トラスは左右対称であるために，棒 AC，BC の変形は等しく，点 C は垂直方向に δ だけ変位する．この場合にも先ほどと同様に，棒 AC，BC に生じるそれぞれの長手方向の伸び δ_1 と棒 DC に生じる伸び δ との間の幾何学的関係から，次式が得られる．

$$\delta_1 = \delta \cos\theta \tag{3.111}$$

一方，内力 Q_1 が作用する棒 AC と内力 Q_3 が作用する棒 DC の伸びはそれぞれ

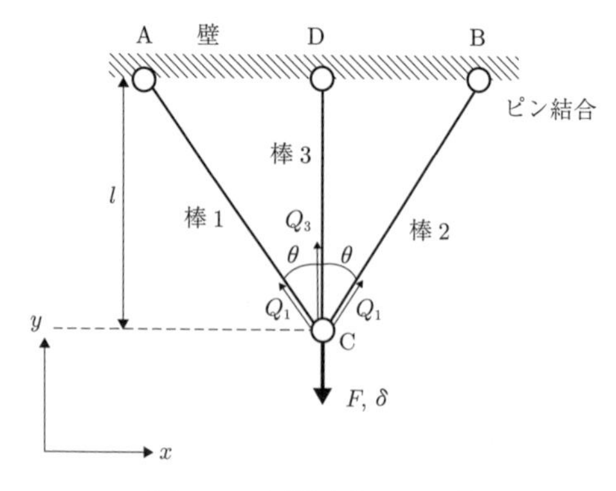

図 3.29　不静定トラスの例

$$\delta_1 = \frac{Q_1 l}{ES\cos\theta} \tag{3.112a}$$

$$\delta = \frac{Q_3 l}{ES} \tag{3.112b}$$

となり，これらを式(3.111)に代入すると，$Q_1 = Q_3\cos^2\theta$ が得られる．したがって，式(3.110)を考慮することにより，Q_1，Q_2，Q_3 は次のように得られる．

$$Q_1 = Q_2 = \frac{F\cos^2\theta}{1+2\cos^3\theta} \tag{3.113a}$$

$$Q_3 = \frac{F}{1+2\cos^3\theta} \tag{3.113b}$$

これより，点Cの垂直方向の変位 δ は

$$\delta = \frac{Fl}{ES(1+2\cos^3\theta)} \tag{3.114}$$

となる．

現実のトラス構造においては，完全なピン結合を実現することは難しく，ある程度回転が拘束されるため少なからず曲げモーメントが発生する．反対に，結合部を固く留め変形を抑えた構造は**ラーメン構造**とよばれる．このため，部材には軸力と曲げモーメントが混在する構造となり，その状況は，結合部の拘束の程度によって異なる．

4　細長く真っすぐな棒の座屈

薄肉の構造物，たとえば先に述べた細い棒(3.1 節)や薄い平板(2.2.6 項)，薄い円筒殻(3.4.1 項)，薄い球殻(3.4.2 項)においては，圧縮応力状態においてしばしば座屈という現象が発生し問題となる．本章では，細長く真っすぐな棒の座屈を例にとり，座屈の基本について説明する．

図 4.1 に示すように，棒が長手方向(軸方向)に圧縮力 P(N)を受けるとき，はじめ棒は長手方向に圧縮変形する．さらに P が増加しある限界値 P_c に達すると，棒はいままでの変形様式とはまったく異なり横方向にたわむ．別の言い方をすると，細長く真っすぐな棒に軸方向に圧縮力を負荷する場合，棒には圧縮されて真っすぐに縮む変形モードと，横方向にたわむ曲げモードの 2 つが存在し得るのだが，変形の初期には，縮む変形モードで変形しやすく，ある限界点を境に，横方向にたわむ変形モードで変形しやすくなり，そちらに急激に遷移する．このように変形のモードがある限界荷重点を境に，新しいモードに移るような不安定現象を**座屈**という．

いま，図 4.1(a)の例をもとにその限界荷重 P_c(**座屈荷重**とよばれる)を求めてみよう．ある断面位置 x における，棒の長手方向と直交する方向へのたわみを y

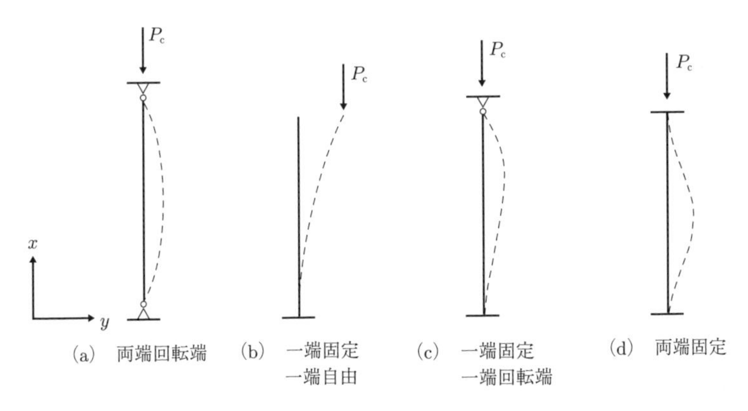

図 4.1　圧縮力を受ける細長く真っすぐな棒

として，棒の長さに比べて y が十分に小さく，式(3.38)で述べたように $(\mathrm{d}y/\mathrm{d}x)^2 \ll 1$ とみなすことができると仮定すると，棒に生じる曲げモーメント M は次式で表される．

$$M = Py \tag{4.1}$$

この式をはりのたわみの微分方程式(3.40a)に代入すると次式を得る．

$$\frac{\mathrm{d}^2 y}{\mathrm{d}x^2} + \frac{P}{EI} y = 0 \tag{4.2}$$

上式の一般解は次式となる．

$$y = C_1 \sin\left(\sqrt{\frac{P}{EI}}\, x\right) + C_2 \cos\left(\sqrt{\frac{P}{EI}}\, x\right) \tag{4.3}$$

ここで，C_1, C_2 は積分定数である．また，境界条件は棒の上下の端部(どちらも回転端)でたわみが0，すなわち，$x=0$，l において，$y=0$ である．よって，

$$C_2 = 0, \quad C_1 \sin\left(\sqrt{\frac{P}{EI}}\, l\right) = 0 \tag{4.4}$$

となる．$C_1=0$ とすると，棒のたわみが常に 0 の状態となり，有意な解ではない．そこで，

$$\sin\left(\sqrt{\frac{P}{EI}}\, l\right) = 0 \tag{4.5}$$

の条件を考える．すると，次のようになる．

$$\sqrt{\frac{P}{EI}}\, l = n\pi \quad (n=1, 2, \ldots) \tag{4.6a}$$

よって，

$$P = \frac{n^2 \pi^2 EI}{l^2} \quad (n=1, 2, \ldots) \tag{4.6b}$$

となる．このうち，最小の解は $n=1$ の解であり，そのときの荷重 P_c とそれに

対応するたわみは次のようになる．

$$P_{\mathrm{c}}=\frac{\pi^2 EI}{l^2} \tag{4.7a}$$

$$y=C_1\sin\left(\frac{\pi}{l}x\right) \tag{4.7b}$$

式(4.7a)が，圧縮力を受ける細長く真っすぐな，両端回転端の棒の**弾性座屈荷重**(**基本座屈荷重**)である．C_1 は $x=1/2$ における最大たわみであるが，C_1 の値は決定できず不定である．したがって，式(4.7b)は座屈の変形モードのみを与える．

種々の境界条件の下で細長く真っすぐな棒が軸圧縮荷重を受けたときの座屈荷重，座屈応力は，**Euler**(オイラー)**の理論**により，次式で与えられる．

$$P_{\mathrm{c}}=\frac{C\pi^2 EI}{l^2} \tag{4.8a}$$

$$\sigma_{\mathrm{c}}=\frac{P_{\mathrm{c}}}{S}=\frac{C\pi^2 E}{\lambda^2} \tag{4.8b}$$

ただし，$l=$ 棒の長さ，$S=$ 棒の断面積，$E=$ 材料の Young 率，$I=$ 断面 2 次モーメントである．また $\lambda=l/\rho$ は柱の細長比，$\rho=\sqrt{I/S}$ は断面 2 次半径とよばれる．C は拘束係数とよばれ，境界条件に応じて次の値をとる．

$$\begin{array}{ll} \text{両端回転端の場合} & C=1 \\ \text{一端固定，一端自由の場合} & C=1/4 \\ \text{一端固定，一端回転端の場合} & C=2.05\fallingdotseq 2 \\ \text{両端固定の場合} & C=4 \end{array} \tag{4.9}$$

対応する変形モードは図 4.1(a)～(d)に示すようになる．式(4.8a)，(4.9)の P_{c} は，**基本座屈荷重**，または **Euler 座屈荷重**とよばれる．式(4.8)は

$$l'=\frac{l}{\sqrt{C}} \tag{4.10}$$

で定義される等価長さを用いると，式(4.9)のすべての境界条件に対して，次式で統一的に書くことができる．

$$P_c = \frac{\pi^2 EI}{l'^2} \tag{4.11a}$$

$$\sigma_c = \frac{\pi^2 E}{\lambda'^2} \tag{4.11b}$$

ただし，

$$\lambda' = \frac{l'}{\rho} \quad \text{等価細長比} \tag{4.12}$$

である．板や殻の座屈については，工学教程『材料力学II』5 章で改めて説明する．

5　熱荷重と熱応力

本章では，自動車のエンジンや，発電所における高温流体が流れる配管や熱交換機器などの高温機器において生じる代表的な荷重である熱荷重と熱応力について述べる．熱荷重の原因は，温度の変化によって材料に生じる熱膨張変形や熱収縮変形である．機器の変形拘束がゆるく自由に変形できる場合には荷重や応力が生じないが，逆に機器の変形が拘束を受けていると変形が熱応力に変換される．このため，熱応力は力の釣合いによって生じる他の応力と性質が異なることに注意が必要である．

5.1　固体の熱膨張

基本的な熱膨張問題として，図 5.1 に示すように一端を固定された長さ L の棒を考えよう．いま温度が初期温度 T_0 の状態から $\varDelta T$ 上昇したとすると，棒の長さは温度上昇量に比例して，δ_{T} だけ長くなる．すなわち

$$\delta_{\mathrm{T}} = \alpha \varDelta T L \tag{5.1}$$

ここで，α(℃$^{-1}$)は線膨張率(または線膨張係数)，L(m)は元の棒の長さ，$\varDelta T$(℃)は温度変化量である．

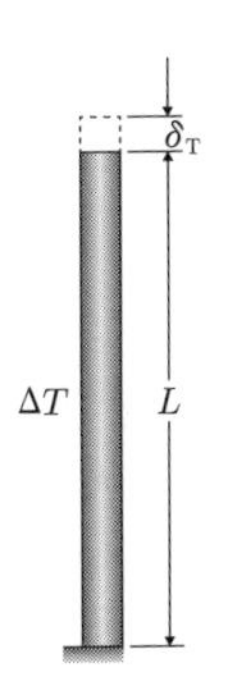

図 5.1　棒の熱膨張変形

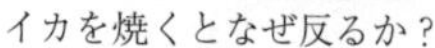

イカを焼くとなぜ反るか？

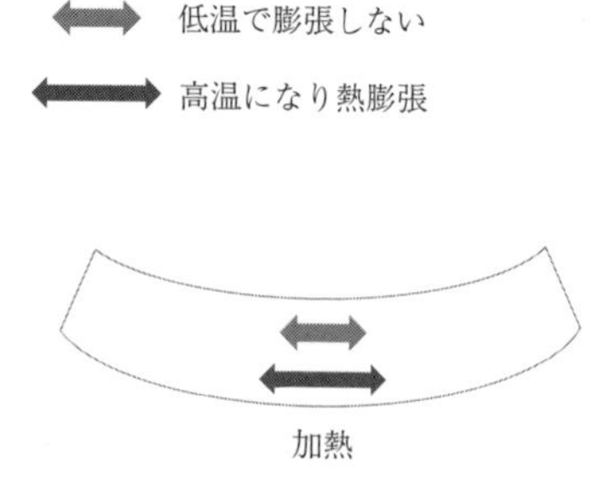

上下の膨張差によって変形

図 5.2　イカ焼が反り返るメカニズム

線膨張率 α は，単位温度あたりの上昇に伴う，長さの変化の割合である．これに対して，体積の変化する割合を**体積膨張率** β とよぶ．線膨張率 α と体積膨張率 β の間には $\beta \fallingdotseq 3\alpha$ の関係がある．

α の値は材料によって異なり，通常の材料では正の値をとる．すなわち温度が上昇すると膨張(**熱膨張**とよぶ)する．また，α は温度によっても変化する．機械構造物に一般に用いられている高温機械用材料はフェライト系鋼あるいはオーステナイト系鋼であるが，500 ℃で $\alpha = 11 \sim 18 \times 10^{-6}$ ℃$^{-1}$ である．

熱膨張変形は金属材料に限らず一般的な現象である．身近な例としては図 5.2 に示すように，イカを焼くと反り返る現象が熱変形現象である．温度上昇幅が大きい加熱面と裏側の低温部の熱膨張差によって反り変形が生じているのである．

5.2　変形拘束によって生じる熱荷重と熱応力

次に，図 5.3 のように両端を固定された長さ L，断面積 S の弾性棒を考えよう．温度が初期の状態から ΔT 上昇したとする．このときの熱膨張による伸びを δ_T，固定壁からの反力による弾性変形による伸びを δ_R，弾性ひずみを ε とすると，棒の両端は固定されていることから棒の変形 δ_{AB} は

$$\delta_{AB} = \delta_T + \delta_R = 0 \tag{5.2a}$$

ここで，

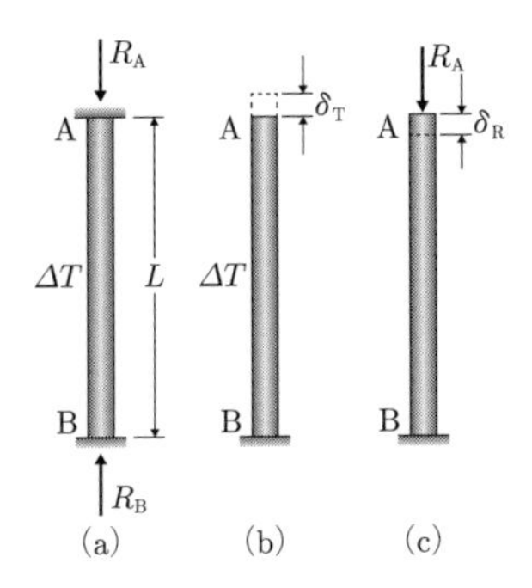

図 5.3 両端が固定された棒の熱膨張拘束と熱応力

$$\delta_T = \alpha \Delta TL \tag{5.2b}$$

$$\delta_R = \varepsilon L \tag{5.2c}$$

となる．棒に生じる長手方向の垂直応力を σ，E を Young 率とすると，応力-ひずみ関係は

$$\sigma = E\varepsilon \tag{5.3}$$

である．棒の両端の反力を R_A，R_B とすると，力の釣合い条件から

$$R_A = R_B = S\sigma \tag{5.4}$$

となる．式(5.2)と式(5.3)から ε を消去すると

$$\delta_T + \delta_R = \alpha \Delta TL + \frac{\sigma L}{E} = 0 \tag{5.5}$$

が得られる．よって

$$\sigma = -E\alpha \Delta T \tag{5.6}$$

となる．ここで，熱膨張はひずみが増加する現象であるのに対して，その膨張が拘束されることによって生じる熱応力は圧縮方向となり，熱膨張の方向と熱応力の符号が逆になることに注意が必要である．

一般的な鋼では，α は $11\sim18\times10^{-6}$ ℃$^{-1}$ 程度，E は 2.10×10^{11} Pa 程度である

ため，式(5.6)から完全拘束の場合は，鋼は1℃あたり3×10^6 Pa 程度の熱応力が生じることになる．鋼の降伏応力は2.5×10^8 Pa 程度であるので，数十度程度の温度差でも降伏応力と同程度の熱応力が発生することとなり，注意が必要である．

たとえば，図5.4は夏と冬の寒暖差によって生じたレールの変形である．これは熱膨張によって圧縮応力が発生し，レールが座屈変形することにより生じたものである．列車に乗ると一定のリズムでガタンゴトンと音がするのは，レールの継ぎ目に夏場の熱膨張を逃がすための隙間が空けてあるからである．その他の身近な熱応力の例として，図5.5に示すようにガラスのコップに急に熱湯を注ぐと

図 5.4　レールの熱膨張変形と対策
JR EAST Technical Review No. 17-Autumn 2006

ガラスコップに熱湯をそそぐとなぜ割れるか

変形が拘束されて応力が生じる
(応力は熱変形と逆方向であることに注意)

図 5.5　熱湯でコップが割れるメカニズム

割れてしまう現象が挙げられる．コップの内面は熱湯で温められ，急速に熱膨張しようとする．これ対して，内面に発生した熱が外面に伝わるまでに時間がかかるため，外面は温度上昇が小さく，それほど熱膨張しない．コップの壁は形状を保つために内面と外面が相互に変形を拘束し合い，熱膨張しようとする内面には，圧縮応力が，膨張しない外面には引張応力が生じる．ガラスは脆いため，比較的小さな熱応力でも破壊してしまうのである．

6　材料力学の問題の一般的解法の考え方

2.2.9 項で述べたように，図 2.11 に示すような 2 次元平面問題を対象として，基礎式をまとめると，次のようになる．

力の釣合い式（平衡方程式）

$$\sum_{j=1}^{2}\frac{\partial\sigma_{ij}}{\partial x_j}+\bar{F}_i-\rho\frac{\mathrm{d}^2u_i}{\mathrm{d}t^2}=0,\quad i=1,2\quad S\text{内において} \tag{6.1}$$

ここで，σ_{ij} は応力テンソル，u_i は変位ベクトル，$\bar{F}_i$ は物体力ベクトル（外力），ρ は質量密度である．

応力−ひずみ関係式（構成式）

$$\begin{Bmatrix}\sigma_{11}\\ \sigma_{22}\\ \sigma_{12}\end{Bmatrix}=\begin{bmatrix}D_{11} & D_{12} & D_{13}\\ D_{21} & D_{22} & D_{23}\\ D_{31} & D_{32} & D_{33}\end{bmatrix}\begin{Bmatrix}\varepsilon_{11}\\ \varepsilon_{22}\\ 2\varepsilon_{12}\end{Bmatrix}=[D]\begin{Bmatrix}\varepsilon_{11}\\ \varepsilon_{22}\\ 2\varepsilon_{12}\end{Bmatrix},\quad S\text{内において} \tag{6.2}$$

上式の $[D]$ マトリックスの各成分 D_{ij} は，平面応力状態の場合には式(2.37)で与えられ，平面ひずみ状態の場合には式(2.40)で与えられる．

ひずみ−変位関係式（ひずみの定義式）

$$\varepsilon_{ij}=\frac{1}{2}\left(\frac{\partial u_i}{\partial x_j}+\frac{\partial u_j}{\partial x_i}\right),\quad i,j=1,2\quad S\text{内において} \tag{6.3}$$

ここで，ε_{ij} はひずみテンソルである．

力学的境界条件

$$\sum_{j=1}^{2}\sigma_{ij}n_j=\bar{T}_i,\quad i=1,2\quad \Gamma_\sigma\text{上において} \tag{6.4}$$

ここで，Γ_σは物体表面の境界のうち，表面分布力ベクトル(外力)$\bar{T}_i$が与えられる境界であり，n_iはその境界に立てた外向き法線ベクトルである．

変位境界条件

$$u_i = \bar{u}_i, \quad i=1,2 \quad \Gamma_u \text{ 上において} \tag{6.5}$$

ここで，Γ_uは物体表面の境界のうち，変位ベクトル$\bar{u}_i$が規定されている境界である．

式(6.1)～(6.3)には，σ_{ij}およびε_{ij}の対称性を考慮すると8個の式がある．一方，そこに含まれる未知関数はσ_{ij}が3成分，ε_{ij}が3成分，u_iが2成分の合計8個である．このため，上式は2次元の固体の弾性変形を一意に規定するために必要十分な式となっていることがわかる．たとえば，式(6.3)を式(6.2)に代入し，その結果を式(6.1)に代入して，ε_{ij}，σ_{ij}を消去すると，変位ベクトルu_iを唯一の未知関数とする以下のような2階の偏微分方程式が得られる．

$$\begin{aligned}
&D_{11}\frac{\partial^2 u_1}{\partial x_1^2} + (D_{13}+D_{31})\frac{\partial^2 u_1}{\partial x_1 \partial x_2} + D_{33}\frac{\partial^2 u_1}{\partial x_2^2} + D_{13}\frac{\partial^2 u_2}{\partial x_1^2} + (D_{12}+D_{33})\frac{\partial^2 u_2}{\partial x_1 \partial x_2} \\
&\quad + D_{32}\frac{\partial^2 u_2}{\partial x_2^2} + \bar{F}_1 - \rho\frac{\mathrm{d}^2 u_1}{\mathrm{d}t^2} = 0 \\
&D_{31}\frac{\partial^2 u_1}{\partial x_1^2} + (D_{21}+D_{33})\frac{\partial^2 u_1}{\partial x_1 \partial x_2} + D_{23}\frac{\partial^2 u_1}{\partial x_2^2} + D_{33}\frac{\partial^2 u_2}{\partial x_1^2} + (D_{32}+D_{23})\frac{\partial^2 u_2}{\partial x_1 \partial x_2} \\
&\quad + D_{22}\frac{\partial^2 u_2}{\partial x_2^2} + \bar{F}_2 - \rho\frac{\mathrm{d}^2 u_2}{\mathrm{d}t^2} = 0
\end{aligned} \tag{6.6}$$

したがって，原理的には上式を式(6.4)，式(6.5)の境界条件のもとに解くことができると$u_i(x_1, x_2)$　$(i=1,2)$を求められるはずである．つまり，材料力学の問題は，境界値問題として表現される．さらに，上式は，偏微分方程式の中でも楕円型の偏微分方程式として分類される．楕円型偏微分方程式の特性については，工学教程『偏微分方程式』2.2.3項を参考のこと．

任意の形状をした領域に対して設定される任意の境界条件のもとで上記の偏微分方程式を厳密に解くことは困難である．これに対して，数値解法とよばれるコンピュータを使って近似的に解く手法が提案されている．**差分法**(FDM: finite difference method)とよばれる数値解析法は，微分演算子を直接近似する手法であり，それを上記の問題に適用することができよう．しかし，現実には，固体の変形問題では解析対象の形状が複雑であり，そこに付与される境界条件（式(6.4)，式(6.5)）の処理が差分法では困難になる．そこで，一般には式(6.6)の微分形の基礎式に対して数学的に等価な積分形の式を導出し，それを近似的に解くという方法が用いられる．その代表的な解法が，**有限要素法**（FEM: finite element method）や**境界要素法**（BEM: boundary element method）とよばれる手法である．有限要素法では，任意形状の解析領域を**要素**（element）とよばれる多数の小領域に分割し，各要素内で未知関数を比較的低次の関数で近似すると同時に，偏微分方程式に等価な積分方程式から代数方程式を導出し，それを解くことにより近似解を得る．材料力学や流体力学などのさまざまな力学解析に適用される．一方，境界要素法では，解析領域の境界を**境界要素**（boundary element）とよばれる多数の小領域に分割し，偏微分方程式に等価な境界積分方程式から代数方程式を導出し，それを解くことにより近似解を得る．材料力学や音響問題などの解析に適用される．

7 構造設計の考え方

材料力学を学ぶ目的は，機械や構造物の破損を未然に防ぎ，安全に効率良く活用できるようにすることである．本章では，構造設計とよばれる機械や構造物が壊れないように設計するための基本的な考え方を述べる．固体の壊れ方には種々の様式(破損モード)がある．その中には環境などの要因が強く影響する様式もあり，そのような場合には材料の選択が重要になる．また，設計時には荷重の想定や材料強度のばらつきなどの不確定性が存在する．不確定性を前提とした現実的設計を実現するために安全係数(設計係数)が使用される．

7.1 構造設計の目的

構造設計の主要な目的は，機能や性能の追求と，安全性や信頼性の追求である．前章までに見てきたように，機械や構造物が荷重を受けると，伸び，縮み，曲げなどの変形が生じる．変形が過大になると機能や性能を維持できなくなり，さらに部材のもつ耐力とよばれる限界値を超えると破壊が生じ，安全性や信頼性が損なわれる．このため構造設計の基本は，機械や構造物に過大な変形や破壊が生じないように十分な剛性や強度を確保することである．ここで剛性とは変形のしにくさを表し，Young 率や，はりの断面 2 次モーメントなどが対応する．一方，強度とは，損傷や破壊のしにくさを表し，たとえば．2.2.4 項に述べた降伏応力などが対応する．ただし，安全性や性能，コストは相反する要求となる場合もあることから，その適正化(バランス)を図ることが構造設計の重要な役割となる．

7.1.1 固体の代表的な破損モード

機械や構造物に求められる性能や安全性が維持されなくなることを破損とよび，荷重様式や形状に依存してさまざまな破損モードが存在する．適切な構造設計を通して，破損を防止するためには，まず破損の種類やメカニズムをよく把握する必要がある．ここでは，機械や構造物の代表的な破損モードについて説明する．なお，より詳しくは，工学教程『材料力学II』10章を参照のこと．

a.　塑性変形と延性破壊

図7.1は細長い形状をした炭素鋼の試験片に引張荷重を加えたときの変位と荷重の関係を計測した結果，および破断時の写真である．この試験は，2.2.4項で述べた細長く真っすぐな棒を引張ることと，原理的に同一である．ただし，試験機から抜けないように，試験部である平行部の両端に，太径のつかみ部が設けてある．

変形の初期には，荷重と変位は比例関係(弾性変形)にあるが，荷重が一定の応力 σ_{ys}(**降伏応力**とよぶ)を越えると，変形が進み出しやがて破断する．降伏応力を越えて進む変形を**塑性変形**とよび，大きな塑性変形を伴い破断することを**延性破壊**とよぶ．延性破壊は圧力容器とよばれる高圧の液体や気体を閉じ込めるための金属製容器の板厚を決める際に考慮すべき，金属材料の基本的な破損モードである．なお，図7.1の図では，図2.7(b)に模式的に示した応力-ひずみ関係と異なり，弾性変形から塑性変形に移る際に応力がピークを迎えてから少し低下する現象が見える．これは炭素鋼に特有の現象であり，前者を**上降伏点**，後者を**下降伏点**とよぶ．この場合，降伏応力としては上降伏点が用いられる．

b.　脆　性　破　壊

鋳鉄のような脆い材料では，図7.2に示すようにほとんど塑性変形を伴わずに瞬時に破壊する場合がある．このような塑性変形をほとんど伴わない破壊を**脆性破壊**とよぶ．脆性破壊は，結晶構造や欠陥などの材料中の微細構造に敏感であ

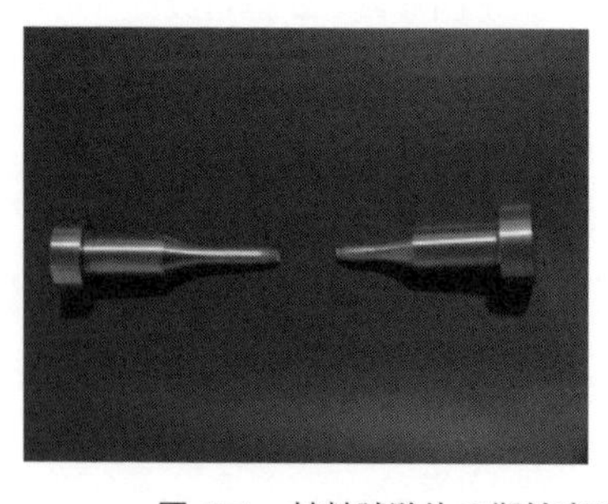

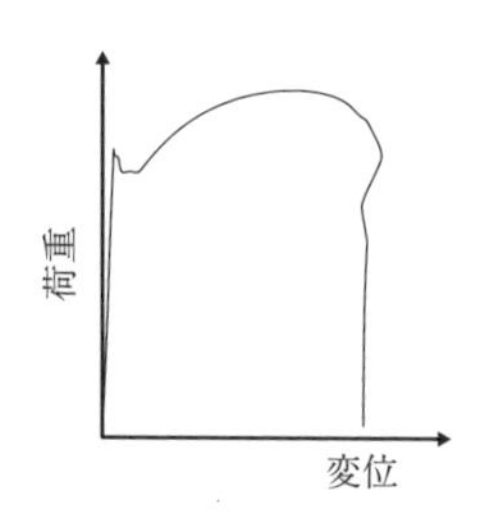

図 7.1　材料試験片の塑性変形と延性破壊挙動

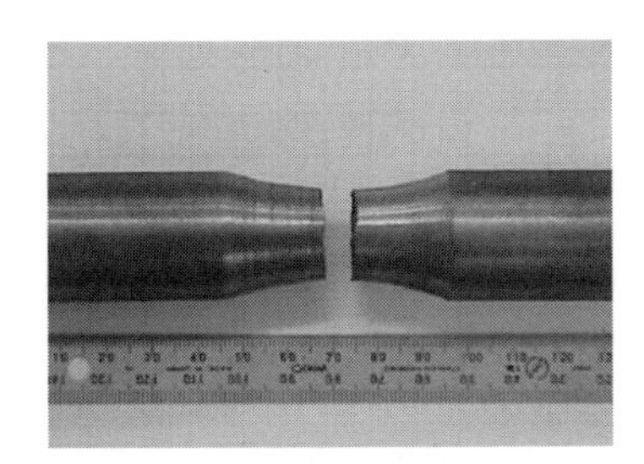

(a) 脆性破壊の例

(b) 脆性破壊により真っ二つに割れた船
合衆国政府印刷局 , The Design and Methods of Construction of Welded Steel Merchant Vessels, 1947 年

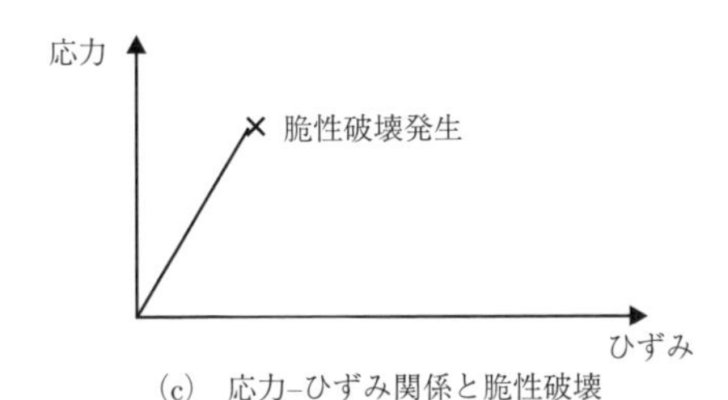

(c) 応力–ひずみ関係と脆性破壊

図 7.2 試験片と構造物の脆性破壊挙動

る．脆性破壊を生じない構造材料もある．また，低温状態や中性子照射などの環境要因によって脆性破壊強度が低下する．図 7.2 の右図は，北洋を航行中に低温脆性破壊した船の写真である．同型の船でも海温の高かった南洋では同様の破壊事故が起きなかった．

脆性破壊は，局部の小さな応力でも生じる場合があることから，発生応力を考慮した設計よりも材料選定と温度管理による防止が有効である．

c. 疲　労

疲労破損とは，一回の負荷では破壊に至らない小さな荷重でも，それが繰り返し負荷されることにより，**き裂**とよばれる微小な割れが発生し，荷重の繰返しとともにき裂が徐々に成長する(進展する)破壊が生じてしまう現象のことである．図 7.3 に示すように大きな荷重では少ない回数で破損し，小さな荷重では多くの繰返し数を必要とする．このため，疲労破損強度は，荷重の変動幅(応力範囲や

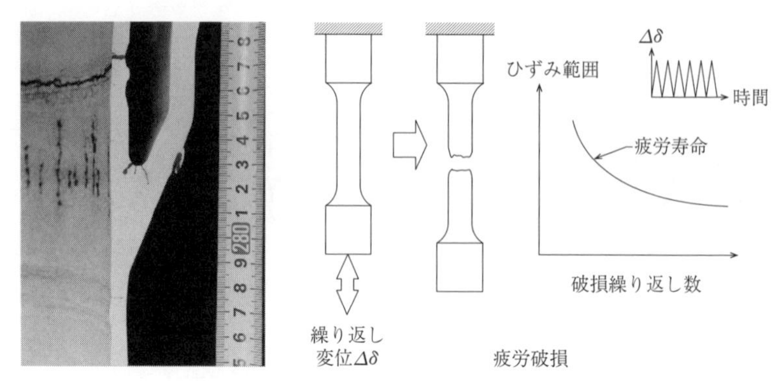

図 7.3　試験片と構造物の疲労破壊挙動

ひずみ範囲）[*1]と破損までの繰返し数の関係で表す．この関係は**疲労曲線**とよばれる．疲労強度は，溶接や表面粗さなどに敏感であるため，その防止には施工管理も重要となる．

d.　塑性崩壊・倒壊・座屈

細長い形状や薄い構造では，変形が進むと，荷重と抵抗力が釣り合わなくなって，変形が急激に進む，形態不安定による破損モードが存在する．図 7.4(a)は，板の厚さ方向の全断面で降伏して曲げ荷重を支持できなくなったことから急速に

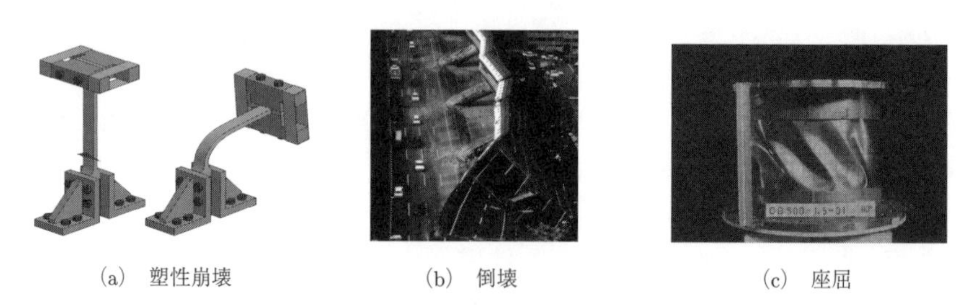

(a)　塑性崩壊　　(b)　倒壊　　(c)　座屈

図 7.4　形態不安定による破損モード
(b)の出典は毎日新聞社

*1　負荷される荷重が変動する際に，内部では発生する応力やひずみも変動する．その応力やひずみの変動の最大値と最小値の差を，それぞれ**応力範囲**や**ひずみ範囲**とよぶ．

塑性変形した状態を示しており**塑性崩壊**とよばれる．図 7.4(b)は 1995 年に起きた阪神淡路大震災において阪神高速道路の鉄筋コンクリート構造が曲げ荷重を支持できなくなり倒壊した状態である．図 7.4(c)はせん断荷重を受ける薄肉円筒が，面内の圧縮応力によって座屈を起こしたものである．これらの破損モードは，荷重や材料に加えて，形状が重要な要因となる．

e. 腐　食

腐食には図 7.5 に示すようなさまざまな形態がある．**全面腐食**は，金属がほぼ一様に腐食し板厚が減少する(**減肉**とよばれる)ものであり，**均一腐食**ともよばれる．一般的に炭素鋼などの耐食性の比較的低い材料に起こりやすい．

局部腐食は，同じ腐食環境でも，腐食する箇所としない箇所が明確に分かれるものである．オーステナイト系ステンレス鋼のように，耐食性の高い材料に多く見られる．代表的な局部腐食としては，孔食，すき間腐食，応力腐食割れなどがある．応力腐食割れは，材料と腐食環境と引張応力の組み合わせによってき裂が発生する現象である．腐食の発生を防ぐためには，応力による制限ではなく，材料や環境の対策が優先されることが多い．

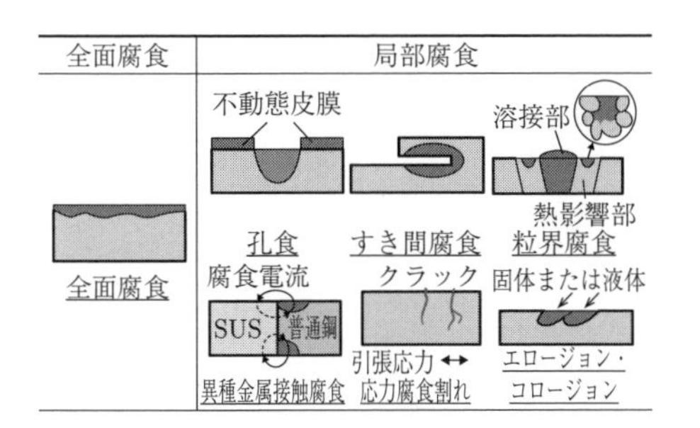

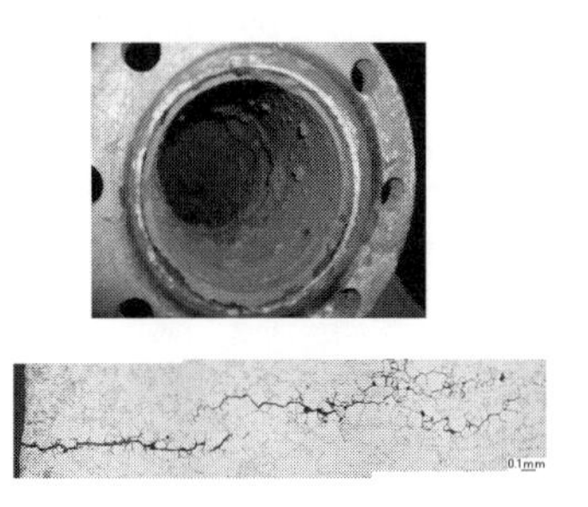

図 7.5　腐食による破損の種類

7.1.2 強　度　評　価

構造設計では，破損を防止するため，荷重が強度を上回らないことを確認するのが基本である．そのために用いられる強度評価の基本式を次に示す．

$$S < \frac{R}{SF} \tag{7.1}$$

ここで，S は荷重，R は強度，SF は安全係数（設計係数，safety factor）である．SF は 1 よりも大きな数が設定される．

式（7.1）を具体的に適用するには，荷重と強度を結びつける適切な物理量を選定する必要がある．それは破損モードに依存することから，設計しようとする対象の破損モードを把握し，破壊のメカニズムを支配する因子を摘出することが重要である．

1.1 節でも述べたように，実際の材料や構造物の破壊は，分子レベルの微視的現象が起点となって生じる．このため，破壊モデルや強度理論には，対象とするスケールにより，分子レベル（分子動力学），結晶レベル（結晶塑性学），巨視レベル（材料力学）などの階層が存在する．この中で，構造設計に実用的に利用されるのは，巨視レベルのモデルであり，ミクロな特性を時空間的に平均化した応力やひずみなどの力学量が評価指標として選定される．

例として，図 7.6 に示す引張荷重を受ける孔開き平板の強度評価を考えよう．荷重と強度を結びつける物理量として応力に注目することとするが，この場合，孔の存在により応力に分布があることに注意が必要である．最大応力 σ_p は応力集中により孔縁に生じるが，周囲が拘束されているため，孔縁付近で局所的に σ_p が降伏応力 σ_{ys} を越えても，板全体が塑性変形する訳ではない．この場合は，

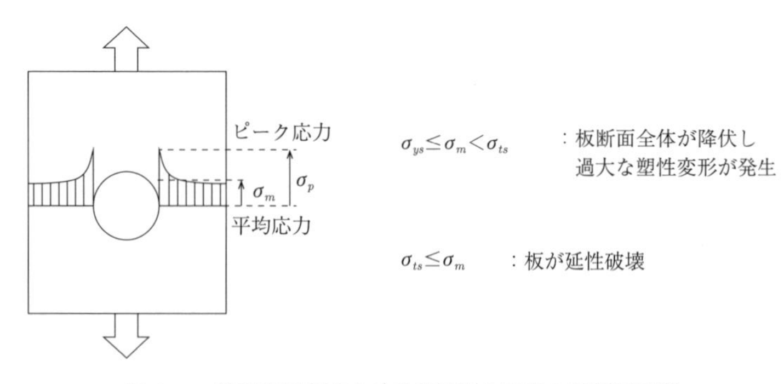

図 7.6　単調引張荷重を受ける孔開き平板の強度評価例

断面積が最小となる断面における平均応力 σ_m が降伏応力 σ_{ys} を越えて初めて板全体が塑性変形を始め，さらに引張強さ σ_{ts} を越えると延性破壊する．

7.2 安全係数

設計とは，これからものを作り将来活用するための，未来の予測作業であることから，そこにはさまざまな不確定性が存在する．式(7.1)において，荷重 S は実際に活用を始めて確定する．一方，実物の材料には強度のばらつきがあり，施工の影響も受けることから，強度 R は製造されるまでわからない．こうしたさまざまな不確定性に対して設計における余裕をもたせるために，安全係数 SF が使用される．ここで，安全係数 SF は不確定性の大きさに応じて決まるもので1より大きな数が設定されるが，その大きさ自体が安全性を示すものではないことに注意が必要である．最近では誤解を避けるために，設計係数の呼称が使用されるようになってきている．

安全係数は余裕を大きくとり過ぎると，性能の低下やコストの増加を招くことから，安全性，性能，コスト全体のバランスを考えて合理的に決定する必要がある．従来はその値は長年の経験に基づいて決められてきた．つまりそこに先人の知恵が凝縮されてきた．これに対し近年は，リスクの考え方を取り入れて，客観的に決めるようになってきている．リスクは工学的には(被害の大きさ)×(発生頻度)で表され，リスクの大きさに応じて係数を決める方法である．被害については，機器や施設を重要度に応じて分類し，安全係数を使い分けるようにする．発生頻度は，図7.7に示すように荷重 S の平均値 μ_S と強度 R の平均値 μ_R の差が同じでも，それぞれのばらつきが大きいと，重なりが増加し，破損確率 P_f が高くなることを考慮に入れて次式のように評価する．

$$P_f = \int_0^\infty F_R(x) f_S(x)\,\mathrm{d}x \tag{7.2}$$

ここで，f_R は強度 R に対する確率密度関数，F_R は強度 R の累積分布関数，f_S は荷重 S に対する確率密度関数である．経験ではなく，式(7.2)で求められる破損確率に応じて，安全係数を決定する方法や，破損確率を直接設計に利用する方法もある．

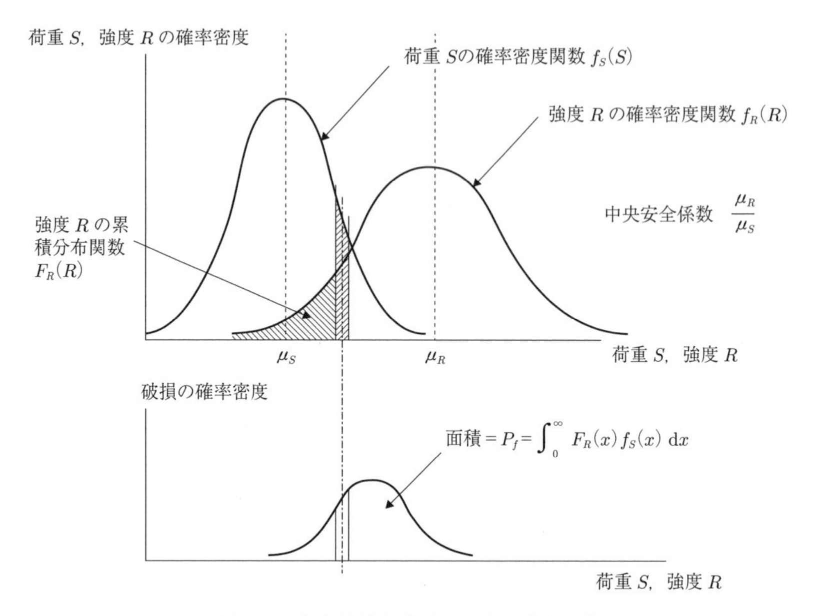

図 **7.7**　安全係数と荷重・強度の確率分布

7.3　材　料　選　択

構造材料は，金属材料，非金属材料，複合材料に大別される．その中からどのような材料を選択するかは，設計と同様に，機能や性能と，安全に関わる強度の確保が重要な観点となる．また，これに加えて製造技術と関連して加工性も大きな要素となる．

機械構造物では金属材料が選定されることが多く，用途に応じた一般的な材料の選定例を図 7.8 に示す．

特殊な機能を必要としない場合は，価格と強度の面から一般的に鉄鋼材料が使用される．鉄鋼材料は，基本的には Fe–C 合金を基本組成としており，合金成分と熱処理の組み合わせで，粒子分散強化や転位強化などの機構により材料が強化される．鉄鋼材料は通常，熱処理(焼き入れや焼き戻し)することで強度を高める．

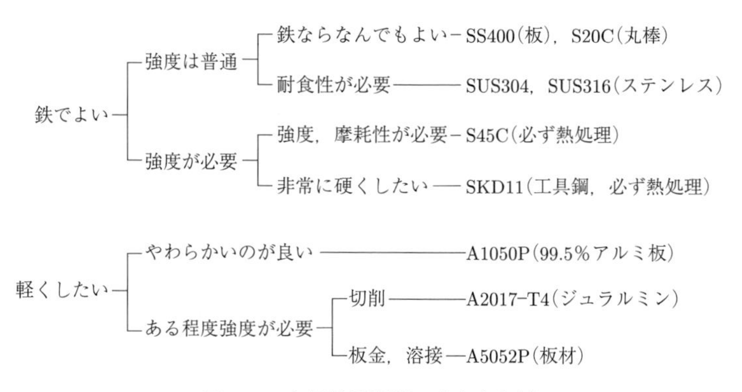

図 7.8 金属材料選択の考え方と例

ここで強度が上がり降伏応力が高くなると塑性変形しにくくなり靭性*2が下がることに注意が必要である．体心立方格子の構造材料では，低温域で降伏応力の急激な上昇が起こり脆性破壊強度を上回ることから，低温域では破壊挙動が延性から脆性に遷移する．オーステナイト系ステンレス鋼などの面心立方格子の構造材料にはこのような性質はない．脆性破壊は応力設計による防止が難しくその防止には材料選定が重要である．

腐食防止の観点から選定するステンレス鋼などは，表面に腐食作用に抵抗する酸化被膜(不動態)を作ることで耐食性を向上させる．したがって，何らかの要因でこの被膜が壊れると，そこから選択的に腐食が進む(局部腐食)ことに注意が必要である．

機能面では，軽量化の要求からアルミニウム合金が選ばれることが多い．純アルミニウムは非常に柔らかいことから，構造材としては時効析出強化と固溶強化を組み合わせたアルミニウム合金材料が使用される．その他に機能として，熱伝導と電気伝導に関しては，ともに電子の動きが支配することからほぼ同じ材料(金，銀，銅など)が高い性能を示す．

非金属材料の例として，コンクリートに関して簡単に触れる．コンクリートの引張強度は脆性材料の特徴として小さく，圧縮強度の 1/10 程度である．また引

*2 靭性については，工学教程『材料力学Ⅱ』10 章において詳述する．

張に対する変形能力も 100～200×10^{-6} 程度と非常に小さい．このため，引張強度を鉄筋でもたせた鉄筋コンクリート構造(RC 構造)とする．コンクリートはアルカリ性で鋼材の防錆能力をもつ．さまざまな構造材料の特徴や性質については，工学教程『材料力学 II』10 章および『材料力学 III』8 章に詳述する．

参　考　文　献

連続体力学

［1］松井孝典，松浦充宏，林祥介，寺沢敏夫，谷本俊郎，唐戸俊一郎：地球連続体力学，岩波講座地球惑星科学，岩波書店，1996.

［2］中村喜代次，森教安：連続体力学の基礎，コロナ社，1998.

固体力学

［3］日本材料学会編：固体力学の基礎，日刊工業新聞社，1981.

［4］日本機械学会編：固体力学—基礎と応用，オーム社，1987.

弾性力学

［5］小林繁夫，近藤恭平：弾性力学，工学基礎講座，培風館，1987.

［6］中島淳一，三浦哲：弾性体力学　変形の物理を理解するために，共立出版，2014.

材料力学

［7］宮本博，菊池正紀：材料力学，裳華房，1987.

［8］尾田十八，木田外明，鶴崎明，山崎光悦：材料力学　基礎編，森北出版，1988.

［9］村上敬宣：材料力学，機械工学入門講座，森北出版，1994.

［10］冨田佳宏，仲町英治，中井善一，上田整：材料の力学，機械工学入門シリーズ，朝倉書店，2001.

［11］小久保邦雄，後藤芳樹，森孝男，立野昌義：材料力学，機械工学基礎コース，丸善，2002.

［12］三好俊郎，白鳥正樹，尾田十八，辻裕一，于強：大学基礎　新版　材料力学，実教出版，2011.

構造力学

［13］小林繁夫：航空機構造力学，丸善，1992.

［14］滝敏美：航空機構造解析の基礎と実際，プレアデス出版，2012.

[15] 桑村仁：建築の力学―弾性論とその応用―，技報堂出版，2017.

熱応力・弾塑性力学

[16] 竹内洋一郎，野田直剛：再増補改訂　熱応力，日新出版，1989.
[17] 吉田総仁：弾塑性力学の基礎，共立出版，1997.

材料力学と有限要素法

[18] 矢川元基，宮崎則幸：有限要素法による熱応力・クリープ・熱伝導解析，サイエンス，1985.
[19] 矢川元基，吉村忍：計算固体力学，岩波講座　現代工学の基礎，岩波書店，2001.

材料力学と設計

[20] 日本建築学会編：事例に学ぶ建築リスク入門，技報堂出版，2007.
[21] 畑村洋太郎編，実際の設計研究会：続・実際の設計　改訂新版，日刊工業新聞社，2017.

材料科学，材料の力学特性

[22] 朝田泰英，鯉渕興二共編：総合材料強度学講座 8　機械構造強度学，オーム社，1984.
[23] 丸山公一，中島英治：高温強度の材料科学，内田老鶴圃，1997.

索　　引

欧　文

あ　行

か　行

さ　行

た　行

な　行

は　行

ま 行

や 行

ら 行

わ 行

東京大学工学教程

編纂委員会
加藤泰浩（委員長）
相田仁
浅見泰司
大久保達也
北森武彦
小芦雅斗
佐久間一郎
関村直人
染谷隆夫
高田毅士
永長直人
野地博行
原田昇
藤原毅夫
水野哲孝
光石衛
求幸年（幹事）
吉村忍（幹事）

材料力学編集委員会
吉村忍（主査）
粟飯原周二
泉聡志
井上純哉
笠原直人
酒井信介
鈴木克幸
高田毅士
堀宗朗
山田知典
横関智弘

2023年9月

著者の現職

吉村　忍（よしむら・しのぶ）
東京大学大学院工学系研究科システム創成学専攻　教授

笠原直人（かさはら・なおと）
東京大学大学院工学系研究科原子力国際専攻　教授

高田毅士（たかだ・つよし）
東京大学名誉教授

東京大学工学教程　材料力学
材料力学 I

令和 5 年 10 月 15 日　発　行

編　者　東京大学工学教程編纂委員会

著　者　吉村　忍・笠原　直人・高田　毅士

発行者　池　田　和　博

発行所　丸善出版株式会社
〒101-0051 東京都千代田区神田神保町二丁目17番
編 集：電話 (03) 3512-3266／FAX (03) 3512-3272
営 業：電話 (03) 3512-3256／FAX (03) 3512-3270
https://www.maruzen-publishing.co.jp

© The University of Tokyo, 2023

組版印刷・製本／三美印刷株式会社

ISBN 978-4-621-30853-0　C 3350　Printed in Japan

JCOPY 〈(一社) 出版者著作権管理機構 委託出版物〉
本書の無断複写は著作権法上での例外を除き禁じられています．複写される場合は，そのつど事前に，(一社) 出版者著作権管理機構（電話 03-5244-5088, FAX 03-5244-5089, e-mail：info@jcopy.or.jp）の許諾を得てください．